고졸 검정고시

핵심이론 + 기출문제 + 기출동형 모의고사

영어

고졸검정고시 [영어]
핵심이론 + 기출문제 + 기출동형 모의고사

초판 인쇄　2026년 1월 7일
초판 발행　2026년 1월 9일

편 저 자 | 교육개발팀
발 행 처 | ㈜서원각
등록번호 | 1999-1A-107호
주　　소 | 경기도 고양시 일산서구 덕산로 88-45(가좌동)
교재주문 | 031-923-2051
팩　　스 | 031-923-3815
교재문의 | 카카오톡 플러스 친구[서원각]
홈페이지 | goseowon.com

고등학교 졸업 검정고시는 각 시·도교육청이 주관하여 매년 2회 실시되는 국가고사로, 고등학교를 졸업한 사람과 동등한 학력을 인정받을 기회를 제공하는 시험입니다.

응시과목은 6개의 필수 과목(국어, 수학, 영어, 사회, 과학, 한국사)과 1개의 선택 과목(도덕, 기술·가정, 체육, 음악, 미술 택1)으로 총 7개입니다. 모든 과목은 2015년 개정 교육과정에 따른 내용으로 출제됩니다. 시험은 각 과목을 100점 만점으로 하여 전 과목 평균 점수를 60점 이상 취득하였을 때 합격 처리됩니다.

본서는 2026년 고졸 검정고시 영어 과목을 준비하기 위한 교재입니다. 실제 시험의 출제 경향과 핵심 이론, 2021~2025년까지의 기출문제를 수록하여 개념 확인과 문제 풀이를 동시에 할 수 있습니다.

[교재 활용 방법]
1. 실제 시험에서 주로 출제되는 문제의 유형이 무엇인지 출제 경향을 통해 파악한다.
2. 출제 경향과 함께 수록된 핵심 이론을 익힌다.
3. 5개년 기출문제를 풀어보며 학습을 점검한다.
4. 해설을 활용하여 오답을 확인하고, 틀린 문제를 위주로 다시 복습한다.
4. 기출동형 모의고사를 풀어 보고 오답 점검을 하며 최종적으로 마무리한다.

목표를 가지고 나아가는 사람만큼 아름다운 이는 없습니다. 수험생 여러분의 꿈이 날개를 달고 훨훨 날아갈 수 있도록 서원각이 응원하겠습니다.

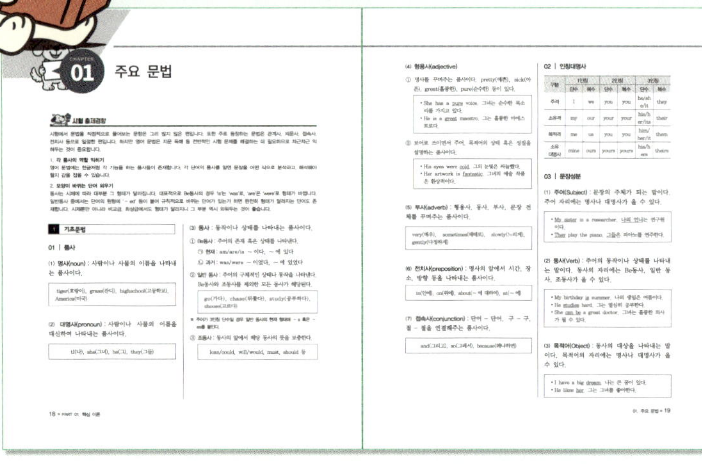

핵심이론

+ 실제 시험에서 자주 등장하거나 문제 풀이에 도움이 되는 핵심 문법 및 어휘를 수록하였습니다.

+ 효율적이고 확실하게 시험을 준비해보세요.

5개년 기출문제

+ 5개년(2021~2025년) 총 10회의 기출문제와 쉽게 확인하고 이해할 수 있는 정답 해설을 수록하였습니다.

+ 열심히 익힌 개념을 점검해보세요.

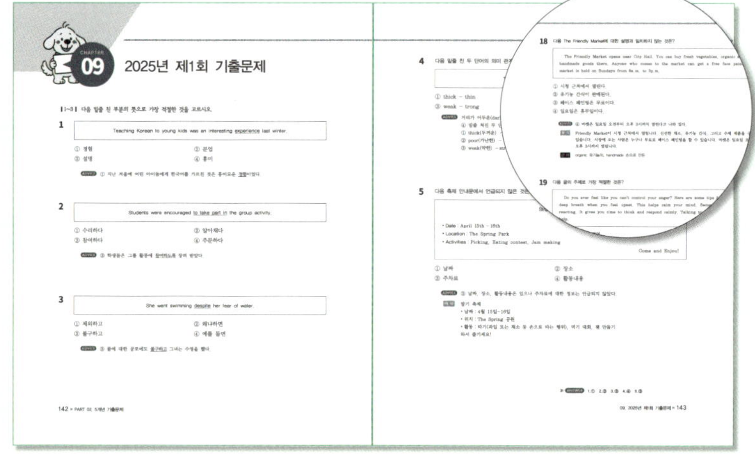

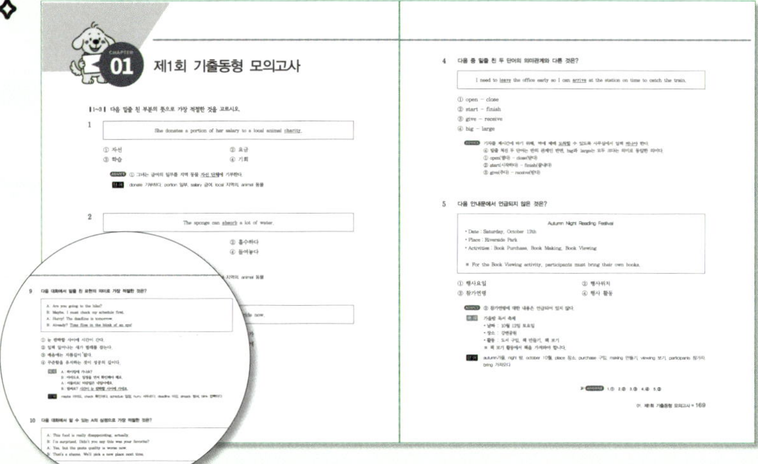

기출동형 모의고사

+ 실제 시험과 동일한 문제 유형과 자주 등장한 문법을 바탕으로 만들어진 모의고사를 수록하였습니다.

+ 실제 시험처럼 모의고사를 풀어보세요.

이 책의 차례

고졸 검정고시 영어
- 문항 수 : 25문항
- 시험 시간 : 40분
- 시험 유의사항 : 객관식 4지 택1, 1문항 당 4점

고졸검정고시 [영어] 총평

- 문법, 어휘, 독해, 생활 영어 등의 능력을 종합적으로 평가할 수 있는 문항들이 출제되는 편입니다. 다만, 출제 유형이 매우 일정하기 때문에 기본적인 문법과 어휘를 익힌 뒤 문제를 풀어보는 연습이 큰 도움이 될 것입니다.

- 자주 출제되는 문법은 관계사와 접속사입니다. 빈칸이 있는 두 문장을 제시하고 각 빈칸에 동시에 들어갈 수 있는 관계사 혹은 의문사는 무엇인지 묻는 형태입니다. 같은 단어라도 문장에 따라서 다른 역할을 하므로 문법을 확실하게 익히는 것이 좋습니다.

- 검정고시 영어 시험의 시간은 40분으로 과학이나 한국사 같은 과목과는 달리 넉넉하게 느껴질 수 있습니다. 하지만 25문항 중 고난도 문항이 더러 있으니 시간 분배를 잘하여 촉박하지 않게 마무리할 수 있는 연습이 필요합니다.

챕터별 문항수

문항번호	문제유형
1~4번	단순 어휘 유형
5, 17번	안내문 유형
6~8번	특정 어휘 및 문법 유형
9~11번, 13~15번	대화문 유형
12번, 16번, 18~19번, 23번	단순 독해 유형
20~22번	독해 및 어휘, 문맥 파악 유형
24~25번	연계 지문 유형

01 단순 어휘 유형 `난이도 ★★`

1~3번은 한 문장에서 **밑줄 쳐진 단어나 숙어의 뜻을 고르는 문제**이며, 고난도 어휘가 출제되지는 않는 편입니다. **4번** 역시 간단한 어휘 실력을 평가하는 문항이지만 앞선 문제들보다는 난도가 조금 올라간 유형입니다. **연관이 있는 두 단어에 밑줄을 쳐놓은 뒤 해당 단어와 의미 관계가 다른 것을 고르는 문항**입니다. 주로 상반되는 관계에 있는 단어, 상위·하위 관계에 있는 단어가 출제되는 편입니다.

단어의 뜻 추론하기

예제1. 다음 중 밑줄 친 부분의 뜻으로 가장 적절한 것을 고르시오.

> Exercise is <u>important</u> for your health

① 중요한 ✔

② 유익한

③ 즐거운

④ 적절한

해석 》 운동은 당신의 건강에 <u>중요하다</u>.

단어의 의미 관계 추론하기

예제2. 다음 중 밑줄 친 두 단어의 의미 관계와 다른 것은?

> He tripped over a <u>hard</u> stone, but he didn't get hurt because the ground was <u>soft</u>.

① hot−cold

② slow−fast

③ easy−difficult

④ glad−happy ✔

해설 》 ④ glad과 happy는 둘 다 '기쁜'이라는 뜻이다.
　　　　　① hot(뜨거운)−cold(차가운)
　　　　　② slow(느린)−fast(빠른)
　　　　　③ easy(쉬운)−difficult(어려운)

해석 》 그는 <u>딱딱한</u> 돌에 걸려 넘어졌지만, 땅이 <u>부드러워서</u> 다치지 않았다.

5번과 17번은 특정한 정보가 담긴 안내문을 제시하고 그것을 해석하여 풀어야 하는 문항입니다. 5번의 경우 안내문에서 언급되지 않은 내용을 고르고 17번의 경우 안내문 내용과 일치하지 않는 내용을 정답으로 골라야 합니다.

안내문 내용과 일치하지 않는 것 고르기

예제. 다음 마라톤 안내문의 내용과 일치하지 않는 것은?

Riverside Marathon

- Date : October 8th
- Place : Piverside Park
- Participant : Anyone

※ Towels are provided.

---

① 10월 8일에 열린다.　　　　　　② 장소는 강변 공원이다.
③ 15살 이상만 참가할 수 있다.　　④ 수건은 제공된다.

해설 》 　누구나 참가할 수 있다고 명시되어 있다.

해석 》 　강변 마라톤
　　　　• 날짜 : 10월 8일
　　　　• 장소 : 강변 공원
　　　　• 참가자 : 누구나
　　　　※ 수건은 제공됩니다.

6~8번은 짧은 두 문장에 동시에 들어갈 적절한 단어를 고르는 문항입니다. 6번의 경우 앞서 나온 어휘 문제에서 응용된 유형이라고 볼 수 있습니다. 7번 역시 적절한 단어를 고르는 문항이지만 실상은 문법을 묻는 유형으로 해당 단어가 문법적으로 어떻게 쓰이는지 파악하고 있어야 합니다. 8번의 경우도 7번과 비슷하며, 주로 빈칸 앞에 있는 단어와 함께 오는 전치사를 고르는 유형이 자주 출제됩니다.

의문사 파악하기

예제1. 다음 중 빈칸에 공통으로 들어갈 말로 가장 적절한 것을 고르시오.

- He told me ________ he was late.
- Do you know ________ she was busy yesterday?

① where 　　　　　　　　② why ✔

③ who 　　　　　　　　④ when

해설 》 ② 두 문장에 공통으로 들어간 why는 모두 간접의문문의 의문사로 쓰였다.

해석 》 • 그는 내게 자신이 늦은 이유를 말해주었다.

　　　　• 어제 그녀가 왜 바빴는지 알아?

전치사 파악하기

예제2. 다음 중 빈칸에 공통으로 들어갈 말로 가장 적절한 것을 고르시오.

- He came up ________ a way to solve the problem.
- The movie deals ________ the problem of global warming.

① with ✔ 　　　　　　　② to

③ of 　　　　　　　　④ in

해석 》 • 그는 문제를 해결할 방법을 떠올렸다.

　　　　• 그 영화는 지구 온난화 문제를 다룬다.

단어 》 come up with ~을 떠올리다, deal with ~을 다루다

9번은 일상적인 대화문을 제시하고 특정 문장에 밑줄을 친 뒤 어떤 의미인지 파악하는 유형입니다. 밑줄이 쳐진 문장은 주로 영어의 관용표현이며, 직역하면 조금 어색하게 느껴지는 문장의 의미를 유추해낼 수 있어야 합니다. 비슷하게 대화문이 제시된 문항은 10~11번, 13~14번, 그리고 15번이 있습니다. **10~11번, 15번은 대화문을 해석하여 인물의 심정 파악, 대화가 이뤄지는 장소, 대화의 주제 등을 추론하는 문항입니다. 13~14번도 대화문을 통해 추론하는 문항이지만 난도가 꽤 있는 편입니다.** 대화문 중간에 있는 빈칸에 들어갈 문장을 골라야 하기 때문에 문맥을 파악하는 능력이 요구됩니다.

영어 관용표현 파악하기

예제1. 다음 대화에서 밑줄 친 표현의 의미로 가장 적절한 것은?

> A : A new member joined the our club yesterday.
> B : Really? That's great. What do you think of him?
> A : I'm not sure. It still feels a bit awkward.
> B : Hmm, why don't you <u>break the ice</u> first?

① 편견을 깨다.
② 지나간 일은 잊어라.
③ 어색한 분위기를 깨다. ✓
④ 되로 주고 말로 받는다.

해설 》 ③ 밑줄 친 표현은 '얼음을 깨다'라는 뜻으로, 어색한 분위기를 깬다는 의미다.

해석 》 A : 어제 우리 동아리에 새로운 부원이 들어왔어.
　　　　 B : 정말? 그거 잘 됐다. 그 사람은 어떤 것 같아?
　　　　 A : 잘 모르겠어. 아직 조금 어색함이 느껴지거든.
　　　　 B : 흠, 네가 먼저 어색한 분위기를 깨보는 게 어때?

단어 》 still 여전히, awkward 어색한

예제2. 다음 대화의 빈칸에 들어갈 말로 가장 적절한 것을 고르시오.

A : Hello. I'd like to buy a table. Can you recommend one?

B : Sure. These days, the round—edged table is the most popular. _____________________?

A : That's great. I'll take it.

B : All right. Would you like me to deliver it to you?

① What do you think?   ② Why do you think so?

③ Where do you live?   ④ How did you find out?

해설 》
① 어떠세요?
② 왜 그렇게 생각하세요?
③ 어디에 살아요?
④ 어떻게 알았어요?

해석 》
A : 안녕하세요. 탁자를 사고 싶은데요. 추천해주실 수 있나요?
B : 물론이죠. 요즘에는 모서리가 둥근 탁자가 가장 인기 있습니다. 어떠세요?
A : 좋네요. 그걸로 할게요.
B : 알겠습니다. 배달해드릴까요?

단어 》 recommend 추천하다, edge 모서리, 가장자리, deliver 배달하다

예제3. 다음 대화의 주제로 가장 적절한 것은?

A : I have to make a presentation in class tomorrow. I'm so nervous. Do you have any advice?

B : when you're nervous, it's helpful to take a deep breath. After that, slowly count in your head and begin your presentation.

A : Thanks for the advice. I'll try.

B : You'll do well. Don't worry.

① 발표하는 방법   ② 긴장되는 이유

③ 발표할 때 중요한 태도   ④ 긴장을 해소하는 방법

해석 》
A : 내일 수업에서 내가 발표를 해야 해. 너무 긴장돼. 조언 좀 해줄래?
B : 긴장될 때에는 숨을 깊이 들이마시는 게 도움이 돼. 그런 다음, 머릿속으로 천천히 숫자를 세고 발표를 시작해.
A : 조언 고마워. 그렇게 해볼게.
B : 넌 잘할 수 있을 거야. 걱정하지 마.

단어 》 presentation 발표, nervous 불안해하는, advice 조언, 충고, helpful 도움이 되는

12번, 16번, 18~19번, 23번의 경우 독해 능력을 평가하는 문항으로 자주 등장하는 단어와 숙어를 익혀두는 것이 중요합니다. 특히 12번의 경우 대명사 It을 파악해야 하는 문항으로 꼼꼼하게 독해하는 습관 역시 필요합니다.

글의 목적 추론하기

예제1. 다음 글을 쓴 목적으로 가장 적절한 것은?

> Dear Residents, As we mentioned to you yesterday, we will inspect the elevator from 1 p.m. to 4 p.m. tomorrow. Residents will not be able to use the elevator during the inspection, but please use the stairs instead. We appreciate your understanding and cooperation.

① 아침 인사를 하려고

② 계단 이용이 건강에 좋음을 알리려고

③ 엘리베이터를 이용할 수 없음을 알리려고

④ 엘리베이터에서 하면 안 되는 행동을 알리려고

해석 》 주민 여러분께 알립니다. 어제 말씀 드린 바와 같이, 내일 오후 1시부터 오후 4시까지 엘리베이터 점검을 합니다. 주민들께서는 점검 동안 엘리베이터를 이용하실 수 없으며, 대신 계단을 이용해주시기 바랍니다. 이해와 협조에 감사드립니다.

단어 》 resident 주민, mention 말하다, 언급하다, inspect 점검하다, appreciate 고마워하다, cooperation 협조

대명사 It 파악하기

예제2. 다음 글에서 밑줄 친 it이 가리키는 것으로 가장 적절한 것은?

> Winter Magic Show will be back this winter. We're glad that so many people enjoyed the show last time. This year, <u>it</u> is even more ready to capture the audience's hearts. Please come and enjoy a fantastic experience.

① show

② people

③ time

④ winter

해설 》 ① it은 show(공연)을 가리키며 설명하고 있다.

해석 》 Winter Magic Show가 이번 겨울에 다시 돌아옵니다. 많은 분들께서 지난번 공연을 즐겨주셔서 기쁩니다. 올해 공연은 관객 여러분의 마음을 사로잡을 준비가 더욱 되어 있습니다. 오셔서 환상적인 경험을 즐기시기 바랍니다.

단어 》 capture 사로잡다, audience 관중

20~21번은 지문의 특정 부분을 비워 놓고 그곳에 들어갈 적절한 단어를 고르는 문항으로 독해 능력과 어휘력을 동시에 요구하는 고난도 문항입니다. 지문의 내용도 다른 문항들에 비해 어려운 편이므로 기출문제를 여러 번 풀어보며 해당 유형의 문제를 익히는 게 중요합니다. **22번의 경우 25개의 문제 중 가장 높은 난도의 문항으로 특정 문장이 지문의 어느 부분에 들어갈지를 고르는 유형**입니다. 독해 능력은 물론 문장의 선후관계를 생각하여 문맥을 파악하는 능력까지 요구되기에 앞선 20~21번처럼 연습이 필요한 문항이라고 할 수 있습니다.

지문의 빈칸 추론하기

예제1. 다음 글의 빈칸에 들어갈 말로 가장 적절한 것을 고르시오.

> Many people think studying history is boring. However, there are reasons to study history. History can teach us important lessons. The present and the past may seem very different, but they often share some ___________. That's exactly the point where we can find ways to solve today's problems through history.

① differences ✔ ② similarities

③ problems ④ advantages

해설 》 ② similarities 유사점
① differences 차이점
③ problems 문제점
④ advantages 장점

해석 》 많은 사람들이 역사를 공부하는 것은 지루하다고 생각한다. 그러나 역사를 공부해야 하는 이유가 존재한다. 역사는 우리에게 중요한 교훈을 가르쳐줄 수 있다. 현재와 과거는 매우 다르게 보이지만, 그것들은 몇 가지 유사점을 공유한다. 바로 그 지점에서 우리는 오늘날의 문제를 역사를 통해 해결할 방법을 찾을 수 있다.

단어 》 lesson 가르침/교훈/수업, present 현재/현재의, past 과거/지난, exactly 정확히/꼭

예제2. 글의 흐름으로 보아 다음 문장이 들어가기에 가장 적절한 곳은?

In fact, a long time ago, a day on Earth was shorter than 24 hours.

The Moon is moving away from the Earth. (①) Every year, it gets about 3.5 centimeters farther from the Earth. (②) The farther the Moon moves, the slower the Earth's rotation becomes. (③) When Earth's rotation slows down, the length of a day increases. (④)

해설 》 ④ 「실제로 오래 전 지구의 하루는 24시간보다 더 짧았다.」라는 문장은 달이 멀어질수록 지구의 자전 속도가 느려져 하루의 길이가 길어진다는 것을 뒷받침하므로 ④의 자리가 적절하다.

해석 》 달은 지구에서 멀어지고 있다. (①) 달은 해마다 지구로부터 약 3.5센티미터씩 멀어진다. (②) 달이 멀어지면 멀어질수록 지구의 자전 속도는 느려진다. (③) 지구의 자전 속도가 느려지면 하루의 길이는 늘어난다. (④)

단어 》 farther 더 멀리/더 먼, rotation 자전/회전/순환

24~25번은 한 지문으로 이어진 문항입니다. 24번은 20~21번처럼 지문에 빈칸을 만들어두고 적절한 단어를 고르는 문항이지만 지문의 난도는 앞선 문항들보다 비교적 낮은 편입니다. 그리고 25번은 지문의 주제를 고르는 유형으로 역시 고난도의 문항은 아닙니다.

예제 1–2. 다음 글을 읽고 물음에 답하시오

> Sleep is essential in our lives. Without sleep, the brain cannot rest and the heart becomes strained. A study found that people who do not get enough sleep are more likely to develop heart disease. Also, a lack of sleep ____________ the risk of cancer.

지문의 빈칸 추론하기

예제 1. 윗글의 빈칸에 들어 갈 말로 가장 적절한 것은?

① recover   ✔ increases
③ decrease   ④ overcome

해설 》   ② increases 증가하다
① recovers 회복하다
③ decreases 감소하다
④ overcomes 극복하다

해석 》   수면은 우리 삶에서 필수적이다. 잠을 자지 않으면, 뇌가 쉴 수 없고 심장에 부담이 된다. 한 연구는 충분한 잠을 못 잔 사람이 심장 질환이 더 잘 생긴다는 것을 발견했다. 또한 잠이 부족하면 암 위험이 증가한다.

단어 》   essential 필수적인, strain 부담, 혹사하다, disease 질병, develop (병·문제가) 생기다

글의 주제 추론하기

예제 2. 윗글의 주제로 가장 적절한 것은?

✔ 잠의 중요성   ② 암에 걸리는 이유
③ 잠을 잘 자는 방법   ④ 뇌를 쉴 수 있게 하는 방법

해설 》   ① 위의 글은 잠을 안 잤을 때 나타나는 문제들을 이야기하며 잠의 중요성을 설명하고 있다.

핵심 이론

주요 문법

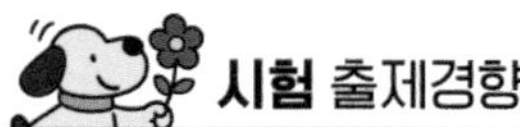
시험 출제경향

시험에서 문법을 직접적으로 물어보는 문항은 그리 많지 않은 편입니다. 또한 주로 등장하는 문법은 관계사, 의문사, 접속사, 전치사 등으로 일정한 편입니다. 하지만 영어 문법은 지문 독해 등 전반적인 시험 문제를 해결하는 데 필요하므로 차근차근 익혀두는 것이 중요합니다.

1. 각 품사의 역할 익히기
영어 문법에는 한글처럼 각 기능을 하는 품사들이 존재합니다. 각 단어의 품사를 알면 문장을 어떤 식으로 분석하고, 해석해야 할지 감을 잡을 수 있습니다.

2. 모양이 바뀌는 단어 외우기
동사는 시제에 따라 대부분 그 형태가 달라집니다. 대표적으로 Be동사의 경우 'is'는 'was'로, 'are'은 'were'로 형태가 바뀝니다. 일반동사 중에서는 단어의 원형에 '– ed' 등이 붙어 규칙적으로 바뀌는 단어가 있는가 하면 완전히 형태가 달라지는 단어도 존재합니다. 시제뿐만 아니라 비교급, 최상급에서도 형태가 달라지니 그 부분 역시 외워두는 것이 좋습니다.

1 기초문법

01 | 품사

(1) 명사(noun) : 사람이나 사물의 이름을 나타내는 품사이다.

> tiger(호랑이), grass(잔디), highschool(고등학교), America(미국)

(2) 대명사(pronoun) : 사람이나 사물의 이름을 대신하여 나타내는 품사이다.

> tI(나), she(그녀), he(그), they(그들)

(3) 동사 : 동작이나 상태를 나타내는 품사이다.

① **Be동사** : 주어의 존재 혹은 상태를 나타낸다.
- ㉠ 현재 : am/are/is ~ 이다, ~ 에 있다
- ㉡ 과거 : was/were ~ 이었다, ~ 에 있었다

② **일반 동사** : 주어의 구체적인 상태나 동작을 나타낸다. Be동사와 조동사를 제외한 모든 동사가 해당된다.

> go(가다), chase(뒤쫓다), study(공부하다), choose(고르다)

※ 주어가 3인칭 단수일 경우 일반 동사의 현재 형태에 – s 혹은 – es를 붙인다.

③ **조동사** : 동사의 앞에서 해당 동사의 뜻을 보충한다.

> Ican/could, will/would, must, should 등

(4) 형용사(adjective)

① 명사를 꾸며주는 품사이다. pretty(예쁜), sick(아픈), great(훌륭한), pure(순수한) 등이 있다.

> - She has a <u>pure</u> voice. 그녀는 순수한 목소리를 가지고 있다.
> - He is a <u>great</u> maestro. 그는 훌륭한 마에스트로다.

② 보어로 쓰이면서 주어, 목적어의 상태 혹은 성질을 설명하는 품사이다.

> - His eyes were <u>cold</u>. 그의 눈빛은 싸늘했다.
> - Her artwork is <u>fantastic</u>. 그녀의 예술 작품은 환상적이다.

(5) 부사(adverb) : 형용사, 동사, 부사, 문장 전체를 꾸며주는 품사이다.

> very(매우), sometimes(때때로), slowly(느리게), gently(다정하게)

(6) 전치사(preposition) : 명사의 앞에서 시간, 장소, 방향 등을 나타내는 품사이다.

> in(안에), on(위에), about(~ 에 대하여), at(~ 에)

(7) 접속사(conjunction) : 단어 – 단어, 구 – 구, 절 – 절을 연결해주는 품사이다.

> and(그리고), so(그래서), because(왜냐하면)

02 | 인칭대명사

구분	1인칭		2인칭		3인칭	
	단수	복수	단수	복수	단수	복수
주격	I	we	you	you	he/she/it	they
소유격	my	our	your	your	his/her/its	their
목적격	me	us	you	you	him/her/it	them
소유대명사	mine	ours	yours	yours	his/hers	theirs

03 | 문장성분

(1) **주어(Subject)** : 문장의 주체가 되는 말이다. 주어 자리에는 명사나 대명사가 올 수 있다.

> - <u>My sister</u> is a researcher. <u>나의 언니</u>는 연구원이다.
> - <u>They</u> play the piano. <u>그들</u>은 피아노를 연주한다.

(2) **동사(Verb)** : 주어의 동작이나 상태를 나타내는 말이다. 동사의 자리에는 Be동사, 일반 동사, 조동사가 올 수 있다.

> - My birthday <u>is</u> summer. 나의 생일은 여름이다.
> - He <u>studies</u> hard. 그는 열심히 공부한다.
> - She <u>can be</u> a great doctor. 그녀는 훌륭한 의사가 될 수 있다.

(3) **목적어(Object)** : 동사의 대상을 나타내는 말이다. 목적어의 자리에는 명사나 대명사가 올 수 있다.

> - I have a big <u>dream</u>. 나는 큰 꿈이 있다.
> - He likes <u>her</u>. 그는 그녀를 좋아한다.

(4) **보어(Complement)** : 주어 혹은 목적어에 대한 정보를 보충해주는 말이다. 보어의 자리에는 명사, 대명사, 형용사가 올 수 있다.

> • She is <u>a good employee</u>. 그녀는 좋은 직원이다.
> • Helmet protect me <u>safe</u>. 헬멧은 나를 안전하게 보호한다.

(5) **수식어(Modifier)** : 문장을 수식하여 표현을 풍성하게 한다. 문장의 필수 성분은 아니며, 수식어 자리에는 형용사(구)나 부사(구)가 올 수 있다.

> <u>Sometimes</u> she sings a song <u>on the street</u>. 때때로 그녀는 길에서 노래를 부른다.

04 | 문장 형식

(1) **1형식** : 주어(S) + 동사(V)

> • She walks fast. 그녀는 빨리 걷는다.
> • My friend arrived at subway station. 내 친구는 지하철역에 도착했다.

(2) **2형식** : 주어(S) + 동사(V) + 보어(C)

① Be동사 : am/are/is(현재형), was/were(과거형)

> • His sister <u>is</u> a model. 그의 여동생은 모델이다.
> • They <u>were</u> best friends. 그들은 가장 친한 친구였다.

② 감각동사 + 형용사 : feel(~ 한 느낌이 나다), seem(~ 인 것 같다), look(~하게 보이다) 등

> • That cake <u>looks</u> so <u>good</u>. 그 케이크 정말 맛있어 보여.
> • The melody feels like <u>jazz</u>. 그 멜로디는 재즈 같아.

③ 상태변화 동사 : turn(돌다), grow(자라다), become(되다) 등

> • Finally, he <u>became</u> a famous singer. 마침내, 그는 유명한 가수가 되었다.
> • The milk <u>went</u> bad. 우유가 상했다.

(3) **3형식** : 주어(S) + 동사(V) + 목적어(O)

> • I won the game. 나는 그 경기를 이겼다.
> • She picked up the wallet on the road. 그녀는 길에서 지갑을 주웠다.

(4) **4형식** : 주어(S) + 동사(V) + 간접목적어(I.O.) + 직접목적어(D.O.)

> • Mother gave me a birthday present. 어머니는 내게 생일 선물을 주셨다.
> • My friend made me some cookies. 내 친구는 내게 쿠키를 만들어주었다.

※ 4형식 문장에 쓰이는 동사로는 give(주다), teach(가르쳐주다), send(보내다), find(찾아주다), buy(사주다), make(만들어주다), get(얻어주다) 등이 있다.

(5) **5형식** : 주어(S) + 동사(V) + 목적어(O) + 목적격 보어(C)

① 목적격 보어는 목적어를 설명해주거나 보충하는 말이다.

② 동사에 따라서 목적격 보어의 자리에는 명사, 형용사, 동사원형, 분사, to부정사 등이 올 수 있다.

③ 목적격 보어의 형태

㉠ 명사

> • People called him a devil. 사람들은 그를 악동이라고 불렀다.
> • She made her son a great scholar. 그녀는 아들을 훌륭한 학자로 만들었다.

㉡ 형용사

> • The movie made me sad. 그 영화는 나를 슬프게 했다.
> • My brother made me upset. 내 남동생은 나를 화나게 했다.

㉢ 동사원형

• 사역동사 : 목적어가 '~ 하게 하다'라는 뜻으로 make, let, have 등의 동사가 있다.

> She always made her mother smile. 그녀는 늘 어머니를 웃게 했다.

• 지각동사 : 목적어가 '~ 하는 것을 지각하다'라는 뜻으로 feel, watch, see, hear, look at 등의 동사가 있다.

> He felt the criminal follow him. 그는 범인이 따라오는 것을 느꼈다.

㉣ to부정사 : 목적격 보어로 to부정사를 취하는 동사는 want, enable, ask, tell, allow, expect 등이 있다.

> • He wants to be a Michelin chef. 그는 미슐랭 셰프가 되고 싶어 한다.
> • She expects her favorite team to win the game. 그녀는 자신이 좋아하는 팀이 이길 것이라고 기대한다.

㉤ 과거분사 : 목적어와 목적격 보어가 수동 관계일 때 쓰인다.

> • She found the cup broken by her cat. 그녀는 고양이에 의해 컵이 깨진 것을 발견했다.
> • I got my car repaired. 나는 차를 수리받았다.

05. 의문문

(1) 의문사가 없는 의문문

① Be동사 : Be동사 + 주어

> Are you upset? 너 화났어?

② 조동사 : 조동사 + 주어

> Can you take a picture? 사진 좀 찍어 줄래?

③ 일반동사 : Do/Does/Did + 주어 + 동사원형

> Did he win the contest? 그가 대회에서 이겼나요?

(2) 의문사가 있는 의문문

① 의문사는 주로 구체적인 정보를 물을 때 즉, 언제, 어디, 어떻게, 왜, 누구 등을 물을 때 사용된다.

② 의문사의 종류

㉠ what : 무엇, 무슨

> • What are you doing? 뭘 하고 있나요?
> • What did you say? 뭐라고 말했어?

㉡ who : 누구, 누가

> • Who is that guy? 저 남자는 누구인가요?
> • Who is your best friend? 누가 네 가장 친한 친구야?

ⓒ where : 어디에, 어디

> • <u>Where</u> are you going? 어디 가세요?
> • <u>Where</u> is my muse? 나의 뮤즈는 어디에 있지?

ⓔ when : 언제

> • <u>When</u> is your birthday? 네 생일은 언제야?
> • <u>When</u> is the deadline? 마감일이 언제인가요?

ⓜ how : 어떻게

> • <u>How</u> did you make it? 그걸 어떻게 만들었어?
> • <u>How</u> may I help you? 어떻게 도와드릴까요?

ⓔ why : 왜

> • <u>Why</u> are you sad? 왜 슬픈가요?
> • <u>Why</u> were you late today? 오늘 왜 늦었어?

(3) how + 형용사(부사) : 얼마만큼의 정도, 수치, 어느 정도의 등을 나타낸다.

① 기간

> <u>How long</u> dose it take to get to the bus stop? 버스 정류장까지 가는 데 얼마나 걸리나요?

② 나이

> <u>How old</u> are you? 너 몇 살이야?

③ 수

> <u>How many</u> plants are here? 얼마나 많은 식물들이 여기 있나요?

④ 길이

> <u>How long</u> is this snake's body? 이 뱀의 몸 길이는 어느 정도 돼?

⑤ 키

> <u>How tall</u> is your daughter? 당신의 딸은 키가 어느 정도인가요?

⑥ 금액

> <u>How much</u> is this ticket? 이 티켓은 얼마인가요?

⑦ 거리

> <u>How far</u> is it from the subway station? 지하철역에서 얼마나 멀리 있어?

⑧ 양

> <u>How much</u> snacks do you have? 간식을 얼마나 가지고 있어?

⑨ 빈도

> <u>How often</u> do you play tennis? 테니스를 얼마나 자주 하나요?

2 　시제

01 | 현재 시제

(1) 현재 시제의 동사 형태 : Be동사의 현재형 am/are/is, 일반동사의 현재형을 쓴다.

※ 주어가 3인칭 단수일 때 일반동사는 동사원형에 '－(e)s'를 붙인 형태로 쓴다.

(2) 현재 시제의 쓰임

① 현재의 지속적인 상태 혹은 동작

> • I <u>have</u> a famous baseball player's sign.
> 나는 유명한 야구 선수의 사인을 가지고 있다.
> • She <u>is</u> a highschool teacher. 그녀는 고등학
> 교 선생님이다.

② 일반적인 사실

> • The Earth <u>rotates</u> every day. 지구는 매일
> 자전한다.
> • Water <u>freezes</u> at 0 degrees. 물은 0도에서
> 언다.

③ 반복적인 일이나 행동

> • I always <u>take</u> the bus. 나는 항상 버스를 탄다.
> • My friend <u>goes</u> to the sports center every
> weekend. 내 친구는 주말마다 스포츠 센터에
> 간다.

④ 가까운 미래 혹은 확실한 예정(현재 시제가 미래를 나타낼 경우)

> • The airplane to Canada <u>leaves</u> in 15 minutes.
> 캐나다로 가는 비행기는 15분 뒤 떠난다.
> • She's birthday party <u>starts</u> at 6 p.m.
> today. 그녀의 생일 파티는 오늘 6시에 시작
> 한다.

02 | 과거 시제

(1) 과거 시제의 동사 형태 : Be동사의 과거형 was/were, 일반동사의 과거형을 쓴다.

※ 주로 과거 시제는 ago(~ 전에), last(지난, 전에), yesterday(어제), then(그 때) 등 특정 과거를 나타내는 부사구와 함께 쓰인다.

(2) 과거 시제의 쓰임

① 과거에 일어난 일

> • The train <u>leaved</u> station 20 minutes ago.
> 기차는 20분 전에 역을 떠났다.
> • She <u>experienced</u> something sad last Christmas.
> 그녀는 지난 크리스마스에 슬픈 일을 겪었다.

② 과거의 동작이나 상태

> • I <u>visited</u> my new house yesterday. 나는
> 어제 새로운 집을 다녀왔다.
> • She <u>watched</u> a movie with her friend last
> weekend. 그녀는 지난 주말에 친구와 함께 영
> 화를 보았다.

③ 역사적 사실

> • Taejo Yi Seong-gye <u>founded</u> Joseon. 태조
> 이성계는 조선을 건국하였다.
> • Our country <u>gained</u> independence on August
> 15, 1945. 우리나라는 1945년 8월 15일에 독립하
> 였다.

(3) 일반동사 과거 시제의 과거형

① 규칙변화

구분	평범한 동사	- e로 끝나는 동사	단모음 + 단자음	자음 + y
과거형	동사원형 + - ed	동사원형 + - d	마지막 자음을 또 <u>쓰고</u> + - ed	y를 I로 바꾸고 + - ed
예시	want → want<u>ed</u> 원하다 watch → watch<u>ed</u> 보다	experience → experienc<u>ed</u> 경험하다 arrive → arriv<u>ed</u> 도착하다	drop → drop<u>ped</u> 떨어지다 fit → fit<u>ted</u> 맞다	study → stud<u>ied</u> 공부하다 worry → worr<u>ied</u> 걱정하다

② 불규칙변화

• have → had 가지다	• run → ran 달리다
• do → did 하다	• sit → sat 앉다
• go → went 가다	• stand → stood 일어서다
• get → got 얻다	• teach → taught 가르치다
• eat → ate 먹다	• make → made 만들다
• buy → bought 사다	• feel → felt 느끼다
• fall → fell 떨어지다	• catch → caught 잡다
• drink → drunk 마시다	• find → found 발견하다
• say → sad 말하다	• lose → lost 잃다
• speak → spoke 말하다	• write → wrote 쓰다
• tell → told 말하다	• leave → left 떠나다
• meet → met 만나다	• see → saw 보다
• come → came 오다	• know → knew 알다
• give → gave 주다	• bring → brought 가져오다
• forget → forgot 잊다	
• think → thought 생각하다	• break → broke 부수다
	• begin → began 시작하다

03. 미래 시제

(1) **미래 시제의 동사 형태** : 조동사 will 혹은 be going to + 동사원형을 쓴다.

(2) **미래 시제의 쓰임** : 미래에 일어날 일 또는 계획을 나타낼 때 사용된다.

> • He <u>will</u> go to the exhibition tomorrow. 그는 내일 전시회에 갈 것이다.
> • She <u>is going to</u> travel to Rome next week. 그녀는 다음 주에 로마로 여행을 갈 예정이다.

04. 진행 시제

(1) **진행 시제의 형태** : Be동사 + 동사원형 + -ing의 형태로 쓴다.

(2) **진행 시제의 쓰임**

① 현재 진행형 : am/are/is + 동사원형 + -ing 형태로, '~ 하는 중이다', '~ 하고 있다'는 의미다. 현재의 특정 시점에 진행 중인 동작 혹은 상태를 나타낸다.

> • He <u>is painting</u> a picture. 그는 그림을 그리고 있다.
> • She <u>is talking</u> with a smile. 그녀는 웃으며 말하고 있다.

② 과거 진행형 : was/were + 동사원형 + -ing 형태로, '~ 하는 중이었다', '~ 하고 있었다'는 의미다. 과거의 특정 시점에 진행 중이었던 동작 혹은 상태를 나타낸다.

> • I <u>was cleaning</u> the bathroom. 나는 화장실을 청소하고 있었다.
> • She <u>was driving</u> on the highway last night. 그녀는 어젯밤에 고속도로를 운전하고 있었다.

③ 가까운 미래에 예정된 일 혹은 계획을 나타낼 때

> • He <u>is inviting</u> his friends to his house tonight. 그는 오늘밤 친구들을 집으로 초대할 예정이다.
> • She <u>is leaving</u> in 15 minutes. 그녀는 15분 뒤에 떠날 예정이다.

05. 완료 시제

(1) **완료 시제의 형태** : 주어 + have(has) + 과거분사, 부정형일 때는 have(has) + not(never) + 과거분사 형태로, 특정한 시점보다 더 이전에 시작된 일이 해당 시점까지 계속 영향을 주는 경우에 사용한다.

(2) 완료 시제의 쓰임

① **계속** : '~ 해 왔다'는 의미로, for(~ 동안), since(~ 이래로), how long(얼마나 오래) 같은 표현과 함께 쓰인다.

> - I <u>have bought</u> Christmas seals since I was an elementary school student. 나는 초등학생 때부터 크리스마스 씰을 사왔다.
> - He <u>has not eaten</u> meat for 10 years. 그는 10년 동안 고기를 먹지 않았다.

② **경험** : '~ 해 본 적이 있다'는 의미로, before(전에), never(절대), once(한 번) 등의 표현과 함께 쓰인다.

> - She <u>has ridden</u> a horse only once. 그녀는 말을 타 본 적이 딱 한 번 있다.
> - I <u>have never donated</u> blood before. 나는 헌혈을 해본 적이 한 번도 없다.

③ **완료** : '막 ~ 했다'는 의미로, just(막), yet(아직), lately(최근에), already(이미) 등의 표현과 함께 쓰인다.

> - I <u>have just finished</u> reading a book. 나는 막 책을 다 읽었다.
> - The concert <u>has not finished</u> yet. 콘서트는 아직 끝나지 않았다.

④ **결과** : '~ 해 버렸다'는 의미로, leave(떠나다), lose(잃다), go(가다), grow(자라다) 등의 동사가 함께 쓰인다.

> - He <u>has lost</u> his wallet. 그는 지갑을 잃어버렸다.
> - She <u>has forgotten</u> his voice. 그녀는 그의 목소리를 잊어버렸다.

(3) 현재완료 진행형 : 주어 + have(has) been + 동사 ~ ing 형태로, 과거에 일어난 어떤 일이나 동작이 현재까지 이어지고 앞으로도 계속될 경우에 사용된다.

> - The cold weather <u>has been continuing</u> since yesterday. 추운 날씨가 어제부터 계속되고 있다.
> - It <u>has been raining</u> since a little while ago. 조금 전부터 비가 내리고 있다.

(4) 과거완료 : had + 과거분사의 형태로, 과거에 발생한 두 가지 일에 대해 어떤 일이 먼저 일어났는지를 알려준다. 두 일 중 먼저 발생한 일은 had + p.p. 형태를, 뒤에 발생한 일은 단순 과거형을 취한다.

> - I <u>cleaned</u> the house because my dog <u>had messed</u> it up. 나는 강아지가 집을 어지럽혀서 청소를 했다.
> - When <u>he arrived</u>, the bus <u>had already left</u>. 그가 도착했을 때 버스는 이미 떠난 후였다.

※ 동사의 과거, 과거분사 형태

현재	과거	과거분사	의미
• be(is/are)	• was/were	• been	• 이다, 있다
• have	• had	• had	• 가지다
• do	• did	• done	• 하다
• go	• went	• gone	• 가다
• get	• got	• got/gotten	• 얻다
• eat	• ate	• eaten	• 먹다
• buy	• bought	• bought	• 사다
• fall	• fell	• fallen	• 떨어지다
• drink	• drank	• drunk	• 마시다
• say	• said	• said	• 말하다
• speak	• spoke	• spoken	• 말하다
• tell	• told	• told	• 말하다
• meet	• met	• met	• 만나다
• come	• came	• come	• 오다
• give	• gave	• given	• 주다
• forget	• forgot	• forgotten	• 잊다
• think	• thought	• thought	• 생각하다
• run	• ran	• run	• 달리다
• sit	• sat	• sat	• 앉다
• stand	• stood	• stood	• 일어서다
• teach	• taught	• taught	• 가르치다
• make	• made	• made	• 만들다
• catch	• caught	• caught	• 잡다
• find	• found	• found	• 발견하다
• lose	• lost	• lost	• 잃다
• write	• wrote	• written	• 쓰다
• leave	• left	• left	• 떠나다
• see	• saw	• seen	• 보다
• know	• knew	• known	• 알다
• bring	• brought	• brought	• 가져오다
• break	• broke	• broken	• 부서지다
• sing	• sang	• sung	• 노래하다
• take	• took	• taken	• 가지고 가다

01. 능동태, 수동태

능동태 (주어가 동작을 하는 문장)	수동태 (주어가 동작을 받는 문장)
• I fixed my watch. 나는 시계를 고쳤다. • She erased the graffiti on the wall. 그녀는 벽의 낙서를 지웠다.	• The watch was fixed by me. 시계는 나에 의해 고쳐졌다. • The graffiti on the wall was erased by her. 벽의 낙서는 그녀에 의해 지워졌다.

02. 수동태의 형태

(1) 수동태 문장에서 주어는 능동태일 때의 목적어다.

(2) 능동태의 주어는 수동태 문장에서 by + 행위자가 되나, 이것은 생략할 수 있다. 동사의 형태는 Be동사 + 과거분사이다.

능동태	수동태
• I(주어) put flowers(목적어) in the vase. 나는 화병에 꽃을 꽂았다. • He(주어) washed his dog(목적어). 그는 자신의 반려견을 씻겼다.	• Flowers(주어) were put in the vase by me(행위자, 생략 가능). 꽃은 나에 의해 화병에 꽂혔다. • His dog(주어) was washed by him(행위자, 생략 가능). 그의 반려견은 그에 의해 씻겼다.

03. 수동태의 시제

(1) 현재형

능동태	수동태
• She <u>writes</u> fantasy novel. 그녀는 판타지 소설을 쓴다. • He <u>replaces</u> the curtain. 그는 커튼을 교체한다.	• Fantasy novel <u>are written</u> by her. 판타지 소설은 그녀에 의해 쓰인다. • The curtains <u>are replaced</u> by him. 커튼은 그에 의해 교체된다.

(2) 과거형

능동태	수동태
• The cat <u>dropped</u> the glass. 고양이는 유리잔을 떨어트렸다. • I <u>made</u> tomato spaghetti. 나는 토마토 스파게티를 만들었다.	• The glass <u>was dropped</u> by the cat. 유리잔은 고양이에 의해 떨어졌다. • Tomato spaghetti <u>was made</u> by me. 토마토 스파게티는 나에 의해 만들어졌다.

(3) 미래/조동사형

능동태	수동태
• She <u>will write</u> a diary in the evening. 그녀는 저녁에 일기를 쓸 것이다. • He <u>can raise</u> a cat. 그는 고양이를 기를 수 있다.	• A diary <u>will be written</u> by her in the evening. 일기는 저녁에 그녀에 의해 쓰일 것이다. • A cat <u>can be raised</u> by him. 고양이는 그에 의해 길러질 수 있다.

04. 수동태의 의문문과 부정문

(1) 의문문

① 일반적으로 (의문사 +) Be동사 + 주어 + 과거분사 + by + 행위자의 형태다.

② 조동사가 있을 경우 (의문사 +)조동사 + 주어 + Be동사 + 과거분사 + by + 행위자의 형태로 쓴다.

능동태	수동태
• <u>Did</u> he <u>give</u> you a present? 그가 네게 선물을 줬어? • <u>How can</u> he <u>fix</u> the telescope? 그는 어떻게 망원경을 고칠 수 있지?	• <u>Were</u> you <u>given</u> a present by him? 넌 그에게 선물을 받았어? • <u>How can</u> the telescope <u>be fixed</u> by him? 망원경은 어떻게 그에 의해 고쳐질 수 있지?

(2) 부정문 : '주어 + Be동사 ~' 형태이다.

능동태	수동태
• I <u>don't eat</u> pickles. 나는 피클을 먹지 않는다. • She <u>didn't take</u> the book with her. 그녀는 책을 가지고 가지 않았다.	• Pickles <u>are not eaten</u> by me. 피클은 내게 먹히지 않는다. • The book <u>was not taken</u> with her by her. 책은 그녀에 의해 가져가 지지 않았다.

05. 수동태가 불가능한 동사

(1) 자동사

① 목적어가 필요하지 않은 동사로, 수동태로 사용할 수 없다.

② go(가다), come(오다), happen(발생하다), appear(나타나다), disappear(사라지다), exist(존재하다), remain(남아있다), cry(울다), fall(떨어지다), laugh(웃다) 등이 있다.

> • He <u>goes</u> to the hospital to treat his leg. 그는 다리를 치료하기 위해 병원에 간다.
> • A black shadow <u>appeared</u> on the window. 창문에 검은 그림자가 나타났다.

(2) 상태나 소유를 나타내는 타동사

① 타동사는 목적어가 꼭 필요한 동사이나, 상태 · 소유를 나타내는 타동사는 수동태로 사용할 수 없다.

② love(사랑하다), understand(이해하다), need(필요하다), resemble(닮다), want(원하다), know(알다), like(좋아하다), have(가지다), own(소유하다) 등이 있다.

> - I <u>needs</u> a competent employee. 나는 유능한 직원이 필요하다.
> - She can't <u>understand</u> him. 그녀는 그를 이해할 수 없다.

4　비교급과 최상급

01. 비교급과 최상급

비교급(비교급 + than A)	최상급(the + 최상급)
'더 ~ 한', '더 ~ 하게'라는 의미다. - Winter is <u>better than</u> summer. 겨울이 여름보다 더 낫다. - Cat is <u>cuter than</u> dog. 고양이가 개보다 더 귀엽다.	'가장 ~ 하게', '가장 ~ 한'이라는 의미다. - He is <u>the tallest</u> of us. 그는 우리 중에서 가장 크다. - It was <u>the oldest</u> radio in the world. 그것은 세계에서 가장 오래된 라디오였다.

02. 비교급과 최상급의 형태

(1) 비교급

① 일반적인 형용사/부사 : '− er'을 붙여 만든다.

원급	비교급	의미
- short	- shorter	- 짧은
- young	- younger	- 어린
- small	- smaller	- 작은
- slow	- slower	- 느린
- fast	- faster	- 빠른

② e로 끝나는 형용사/부사 : '− r'을 붙여 만든다.

원급	비교급	의미
- cute	- cuter	- 귀여운
- late	- later	- 늦은
- close	- closer	- 가까운
- wide	- wider	- 넓은
- simple	- simpler	- 간단한

③ y로 끝나는 형용사/부사 : y를 i로 바꾼 뒤 '− er'을 붙여 만든다.

원급	비교급	의미
- pretty	- prettier	- 예쁜
- early	- earlier	- 이른
- happy	- happier	- 행복한
- angry	- angrier	- 화난
- busy	- busier	- 바쁜

④ 단모음 + 단자음으로 끝나는 형용사/부사 : 자음을 하나 더 쓰고 '− er'을 붙여 만든다.

원급	비교급	의미
- hot	- hotter	- 뜨거운
- big	- bigger	- 큰
- wet	- wetter	- 젖은
- fat	- fatter	- 뚱뚱한
- sad	- sadder	- 슬픈

⑤ 3음절 이상의 형용사/부사 : 'more'을 앞에 붙여 만든다.

원급	비교급	의미
- expensive	- more expensive	- 비싼
- beautiful	- more beautiful	- 아름다운
- delicious	- more delicious	- 맛있는
- difficult	- more difficult	- 어려운
- dangerous	- more dangerous	- 위험한

(2) 최상급

① 일반적인 형용사/부사 : '- est'을 붙여 만든다.

원급	최상급	의미
• short	• shortest	• 짧은
• young	• youngest	• 어린
• small	• smallest	• 작은
• slow	• slowest	• 느린
• fast	• fastest	• 빠른

② e로 끝나는 형용사/부사 : '- st'를 붙여 만든다.

원급	최상급	의미
• cute	• cutest	• 귀여운
• late	• latest	• 늦은
• close	• closest	• 가까운
• wide	• widest	• 넓은
• simple	• simplest	• 간단한

③ y로 끝나는 형용사/부사 : y를 i로 바꾼 뒤 '- est'를 붙여 만든다.

원급	최상급	의미
• pretty	• prettiest	• 예쁜
• early	• earliest	• 이른
• happy	• happiest	• 행복한
• angry	• angriest	• 화난
• busy	• busiest	• 바쁜

④ 단모음 + 단자음으로 끝나는 형용사/부사 : 자음을 하나 더 쓰고 '- est'를 붙여 만든다.

원급	최상급	의미
• hot	• hottest	• 뜨거운
• big	• biggest	• 큰
• wet	• wettest	• 젖은
• fat	• fattest	• 뚱뚱한
• sad	• saddest	• 슬픈

⑤ 3음절 이상의 형용사/부사 : 'most'를 앞에 붙여 만든다.

원급	최상급	의미
• expensive	• most expensive	• 비싼
• beautiful	• most beautiful	• 아름다운
• delicious	• most delicious	• 맛있는
• difficult	• most difficult	• 어려운
• dangerous	• most dangerous	• 위험한

(3) 형태가 변하는 경우

원급	비교급	최상급	의미
• many/much	• more	• most	• 많은
• little	• less	• least	• 적은
• bad	• worse	• worst	• 나쁜
• good/well	• better	• best	• 좋은

03. 비교급과 최상급의 관용 표현

(1) 비교급

① 비교급 + and + 비교급 : '점점 더 ~ 한'이라는 의미다.

> • The balloon is getting <u>bigger and bigger</u>.
> 풍선이 점점 더 커지고 있다.
> • The boy is growing <u>taller and taller</u>. 소년의 키가 점점 더 자라고 있다.

② the + 비교급 + 주어 + 동사, the + 비교급 + 주어 + 동사 : '더 ~ 할수록 더 ~ 하다'는 의미다.

> • <u>The more</u> I study, <u>the more</u> I can see. 공부를 더 많이 할수록 나는 더 많이 볼 수 있다.
> • <u>The hotter</u> the sweet potato, <u>the tastier</u> it is. 고구마는 뜨거울수록 더 맛있다.

(2) 최상급 : 'one of the + 최상급 + 복수명사' 형태로, '가장 ~ 한 ~ 중 하나'라는 의미다.

> • She is <u>one of the most capable employees</u> in the company. 그녀는 회사에서 가장 유능한 직원 중 하나이다.
> • He is <u>one of the kindest people</u> on the team. 그는 팀에서 가장 친절한 사람 중 하나이다.

01. 접속사 : 단어와 단어, 구와 구, 절과 절을 연결하는 역할이다.

(1) 등위접속사 : 문법적으로 동등한 형태이며, 병렬구조라고 한다.

① and : 그리고

> • He <u>and</u> I are best friends. 그와 나는 가장 친한 친구다.
> • We rode bikes <u>and</u> played badminton all day. 우리는 하루 종일 자전거를 타고 배드민턴을 쳤다.

② so : 그래서

※ so는 단어와 단어, 구와 구를 연결하지 못한다.

> • I am not good at tennis, <u>so</u> I lost the game with my friend. 나는 테니스를 잘 하지 못해서 친구와의 경기에서 졌다.
> • I don't like paprika, <u>so</u> I didn't eat it. 나는 파프리카를 좋아하지 않아서 먹지 않았다.

③ or : 또는

> • Do you like dogs <u>or</u> cats? 너는 강아지가 좋아 고양이가 좋아?
> • You can choose Korean <u>or</u> Western food for in-flight meals. 기내식으로 한식 또는 양식을 고르실 수 있습니다.

④ but : 그러나

> • I tried hard, <u>but</u> I didn't win. 나는 열심히 노력했지만, 이기지 못했다.
> • He was sad, <u>but</u> he didn't give up. 그는 슬펐지만, 포기하지 않았다.

(2) 상관접속사 : 등위접속사와 다른 단어가 함께 쓰이는 형태로, 똑같이 병렬구조다.

> • <u>Not only</u> I <u>but also</u> she <u>likes</u> to travel. 나뿐만 아니라 그녀도 여행하는 것을 좋아한다.
> • <u>Either</u> I <u>or</u> he <u>has</u> to stay. 나 아니면 그가 남아야 한다.

※ 주어 자리에 상관접속사가 올 경우 B에 수 일치시킨다.

① not only A but also B : 'A뿐만 아니라 B도'라는 의미다.

> • I likes <u>not only</u> parrots <u>but also</u> hamsters. 나는 앵무새뿐만 아니라 햄스터도 좋아한다.
> • She is <u>not only</u> kind <u>but also</u> beautiful. 그녀는 친절할 뿐만 아니라 아름답다.

② neither A nor B : 'A도 B도 아닌'이라는 의미다.

> • It was <u>neither</u> a lion <u>nor</u> a tiger. 그것은 사자도 아니고 호랑이도 아니었다.
> • He was <u>neither</u> successful <u>nor</u> unsuccessful. 그는 성공하지도, 실패하지도 않았다.

③ either A or B : 'A 또는 B 둘 중 하나'라는 의미다.

> • The answer is <u>either</u> one <u>or</u> two. 정답은 1이거나 2이다.
> • Today's lunch is <u>either</u> kimbap <u>or</u> tteokbokki. 오늘 점심은 김밥이거나 떡볶이다.

(3) 종속접속사 : 문장을 주절에 연결하며, 반드시 주절과 함께 사용되어야 한다.

① 명사절을 이끄는 종속접속사

※ 명사절은 명사의 역할을 하는 절이며 주어, 목적어, 보어가 된다.

　㉠ if(whether) 주어(S) + 동사(V) : '~ 인지 아닌지'라는 의미다.

구분	예문
주어 (whether)	Whether he committed the crime is not certain. 그가 범행을 저질렀는지는 확실하지 않다.
목적어 (whether, if)	I don't know if she likes the present. 그녀가 선물을 좋아하는지 모르겠다.
보어 (whether)	The key is whether she'll be here. 핵심은 그녀가 여기 있을지 여부이다.

ⓛ that 주어(S) + 동사(V) : '~ 하는 것'이라는 의미다.

주어	목적어	보어
That you don't eat meat is shocking. 네가 고기를 먹지 않는다는 게 충격적이다.	I was surprised that she woke up early. 나는 그녀가 일찍 일어났다는 것에 놀랐다.	The funny thing is that all this happened in one day. 재밌는 건 이 모든 일이 하루 만에 일어났다는 것이다.

ⓒ 의문사절(간접의문문) : what, who, why, when, where 등의 의문사가 이끄는 명사절이다.

> • Do you know who he is? 그가 누구인지 알고 있어?
> • She asked him when he arrived. 그녀는 그에게 언제 도착했는지 물었다.

② 부사절을 이끄는 종속접속사 : 문장에서 부사 역할을 하면서 주절의 앞이나 뒤, 전부 올 수 있다.

㉠ 이유를 나타내는 접속사 : because, as, since '~ 때문에'라는 의미다.

구분	예문
because	I stayed at home because I was sick. 몸이 아팠기 때문에 집에 있었다.
as	She couldn't open the door as she lost her key. 그녀는 열쇠를 잃어버렸기 때문에 문을 열 수 없었다.
since	He bought his friend a drink since he lost the game. 그는 게임에서 졌기 때문에 친구에게 음료수를 사주었다.

㉡ 시간을 나타내는 접속사 : when, since, once, while, until, as, as soon as

구분	의미	예문
when	~ 할 때	A friend came in when I was sleeping. 내가 자고 있을 때 친구가 들어왔다.
since	~ 한 이후로 (이래로)	We've been friends ever since we were nine years old. 우리는 9살 이래로 줄곧 친구였다.
once	일단 ~ 하면	Once you give it a try, it won't be difficult later on. 일단 한 번 시도해 보면 나중에는 어렵지 않을 것이다.
while	~ 하는 동안	He cleaned the house while she was out. 그녀가 나간 동안 그는 집을 청소했다.
until	~ 할 때 까지	She waited until her friend came. 그녀는 친구가 올 때까지 기다렸다.
as	~ 하면서, ~ 할 때	• He wears glasses as he reads a book. 그는 책을 읽을 때 안경을 쓴다. • She listens to music as she runs. 그녀는 달리면서 음악을 듣는다.
as soon as	~ 하자 마자	I sat down as soon as I got home. 나는 집에 도착하자마자 주저앉았다.

③ 조건과 양보를 나타내는 접속사 : unless, if, though, although, even though

구분	의미	예문
unless	만약 ~ 아니라면	You'll be late <u>unless</u> you hurry. 서두르지 않으면 늦을 것이다.
if	만약 ~ 라면	<u>If</u> I were a bird, I could fly. 내가 새라면 날 수 있을 텐데.
though	비록 ~ 이지만, ~ 에도 불구하고	<u>Though</u> she fell down, she ran to the end. 그녀는 넘어졌지만, 끝까지 달렸다.
although		<u>Although</u> he was late, he waited for me until the end. 그는 늦었음에도 불구하고 나를 끝까지 기다렸다.
even though		<u>Even though</u> we had just met, we became close quickly. 비록 우리는 만난 지 얼마 되지 않았지만, 금방 가까워졌다.

02. 관계사

(1) 관계사는 접속사의 일종으로, 형용사절을 이끄는 접속사를 관계사라고 한다.

(2) **관계대명사** : '접속사 + 대명사' 역할을 동시에 하면서 선행사를 뒤에서 꾸며준다.

> • He is not close to his neighbor <u>who</u> lives next door. 그는 옆집에 사는 이웃과 친하지 않다.
> • I saw the thief <u>who</u> ate my snack. 나는 내 간식을 먹은 도둑을 보았다.

(3) 관계대명사의 종류

구분	사람	사물/동물
주격	who	which
목적격	who(m)	whose(of which)
소유격	whose	

※ 주격, 목적격 관계대명사로 that을 대신하여 사용할 수 있다.

① 주격 관계대명사 : 관계사절에서 주어 역할을 한다.

> • The boy <u>who</u> was playing soccer greeted the girl. 축구를 하고 있던 소년이 소녀에게 인사했다.
> • The cat <u>that</u> was sleeping approached me. 자고 있던 고양이가 내게 다가왔다.

② 목적격 관계대명사 : 관계사절에서 목적어 역할을 한다. 관계대명사 다음에 '주어 + 동사'가 나오면 목적격 관계대명사는 생략 가능하다.

> • I broke the decorations <u>which</u> she bought. 나는 그녀가 산 장식품을 부쉈다.
> • He cried after reading the book <u>that</u> his friend recommended. 그는 친구가 추천해준 책을 읽고 울었다.

③ 소유격 관계대명사 : 관계사절에서 사람 또는 사물의 소유격을 대신한다. 관계대명사 앞과 뒤에 명사가 온다.

> • He treated a bird <u>whose</u> leg was broken. 그는 다리가 부러진 새를 치료해주었다.
> • She lost the glasses case <u>whose</u> color was orange. 그녀는 주황색인 안경집을 잃어버렸다.

④ 관계대명사 what : 선행사를 포함하는 관계대명사이기 때문에 앞에 명사가 오지 않는다. '~ 것'으로 해석되며 명사절을 이끈다.

• She treasured <u>what</u> she received from her friend. 그녀는 친구에게 받은 것을 소중히 여겼다.
• He found <u>what</u> I had lost. 그는 내가 잃어버린 것을 찾았다.

(4) 관계부사 : '접속사 + 부사'의 역할을 동시에 하면서 선행사를 수식하는 절을 이끈다. '전치사 + 관계대명사'로 바꿔 쓸 수 있다.

(5) 관계부사의 종류

① 시간 : the time, the day 등 시간을 뜻하는 선행사를 꾸밀 때 관계부사 when을 사용한다. in/at/on 등의 전치사 + 관계대명사 which로 바꿔서 쓸 수 있다.

> • Tomorrow is <u>the day when</u> she meets her friend. 내일은 그녀가 친구를 만나는 날이다.
> = Tomorrow is <u>the day on which</u> she meets her friend.

② 장소 : the place 등 장소를 뜻하는 선행사를 꾸밀 때 관계부사 where을 사용한다. in/at/on 등의 전치사 + 관계대명사 which로 바꿔서 쓸 수 있다.

> • This is <u>the place where</u> my sister's favorite cafe is. 이곳이 나의 언니가 가장 좋아하는 카페다.
> = This is <u>the place in which</u> my sister's favorite cafe is.

③ 방법 : the way 등 방법을 뜻하는 선행사를 꾸밀 때 관계부사 how를 사용한다. in which로 바꿔서 쓸 수 있다.

※ 선행사 the way와 관계부사 how 둘 중 하나만 쓴다.

> • I want to know <u>the way</u> you got here. 나는 네가 여기 어떻게 온 건지 알고 싶어.
> = I want to know <u>how</u> you got here.
> = I want to know <u>the way in which</u> you got here.

④ 이유 : the reason 등 이유를 뜻하는 선행사를 꾸밀 때 관계부사 why를 사용한다. for which로 바꿔서 쓸 수 있다.

> • Do you know <u>the reason why</u> he bought the book? 그가 왜 그 책을 산 이유를 알아?
> = Do you know <u>the reason for which</u> he bought the book?

03. 전치사

(1) 전치사 : 명사 혹은 대명사 앞에 와 장소나 시간, 방향 등의 정보를 나타내준다.

① 전치사의 특징

　㉠ 단독으로 쓰이지 못하고 항상 뒤에 명사가 온다. '전치사 + 명사'의 형태다.
　㉡ 전치사 뒤에 오는 명사를 전치사의 목적어라고 한다.
　㉢ 명사(구), 명사절, 대명사, 동명사 등이 전치사의 목적어로 쓰인다.

② 전치사의 역할 : 형용사 혹은 부사의 역할을 한다.

> • The gift <u>under the table</u> is hers. 탁자 아래의 선물은 그녀의 것이다. (형용사적 역할)
> • He left the gift <u>under the table</u>. 그는 탁자 아래에 선물을 두었다. (부사적 역할)

(2) 전치사의 종류

① 시간

전치사	의미	예문
in	~ 에(연도, 계절 등 긴 기간)	I will go to Jeju Island <u>in the summer</u>. 나는 여름에 제주도를 갈 것이다.
on	~ 에(요일, 날짜 등 특정한 날)	Her favorite drama airs <u>on Wednesday</u>. 그녀가 좋아하는 드라마는 수요일에 방영된다.

at	~ 에(정확한 시점)	He has an appointment <u>at three o'clock</u> today. 그는 오늘 세 시에 약속이 있다.
during	~ 동안(특정한 기간)	She didn't get a good rest <u>during the vacation</u>. 그녀는 휴가 동안 충분히 쉬지 못했다.
for	~ 동안(기간의 길이)	He went to the gym <u>for five months</u>. 그는 5개월 동안 헬스장을 다녔다.
untill	~ 까지(계속된 동작 혹은 상태)	The festival continues <u>until this evening</u>. 그 축제는 오늘 저녁까지 계속된다.
by	~ 까지(특정한 시점에 완료된 상태)	I have to finish studying <u>by two o'clock</u>. 나는 두 시까지 공부를 끝내야 한다.
since	~ 이래로(과거부터 지금까지 계속되는 동작 또는 상태)	She's been lying down ever <u>since she woke up</u>. 그녀는 잠에서 깬 이후로 계속 누워있었다. ※ since는 현재완료 시제와 사용된다.
from	~ 부터(동작 또는 상태가 시작되는 시점)	He exercises <u>from six o'clock</u> in the afternoon. 그는 오후 6시부터 운동을 한다.
before	~ 전에(기준이 되는 시점 이전)	When you wake up in the morning, you'd better brush your teeth <u>before eating breakfast</u>. 아침에 일어났을 때, 아침식사 전에 양치를 하는 게 좋다.
after	~ 후에(기준이 되는 시점 이후)	She will go to the bookstore <u>after meeting her friend</u>. 그녀는 친구를 만난 후에 서점에 갈 것이다.

(3) 장소, 방향, 위치

전치사	의미	예문
in	~ 안에(내부)	There is a cat <u>in the box</u>. 상자 안에 고양이가 있다.
on	~ 위에	The bird <u>on the roof</u> flew away. 지붕 위에 있던 새가 날아가버렸다.
at	~ 에	She waited for him <u>at the cafe</u>. 그녀는 카페에서 그를 기다렸다.
over	~ 바로 위에	The bird passed directly <u>over his head</u>. 새가 그의 머리 바로 위를 지나갔다.
under	~ 바로 아래에	A ship passed just <u>under the bridge</u>. 배가 다리 바로 아래를 지나갔다.
above	~ 보다 위에	The plane is <u>above the clouds</u>. 비행기는 구름보다 위에 있다.
below	~ 보다 아래에	The plate is placed <u>below the cup</u>. 접시는 컵 아래에 놓여있다.
beind	~ 뒤에	Can you give me the scissors <u>behind you</u>? 네 뒤에 있는 가위 좀 줄 수 있어?
by	~ 옆에	The cup is by <u>the calendar</u>. 컵이 달력 옆에 놓여 있다.
between	~ (둘) 사이에	The hair tie she was looking for was <u>between two books</u>. 그녀가 찾고 있던 머리끈이 두 책 사이에 있었다.
among	~ 사이에 (셋 이상일 때)	He is popular <u>among his friends</u>. 그는 친구들 사이에서 인기가 있다.
to	~ 로 (목적지)	The flight <u>to England</u> left at 1 p.m. 영국으로 가는 비행기는 오후 1시에 떠났다.
from	~ 로부터 (출발지)	She moved here <u>from the United States</u>. 그녀는 미국에서 이곳으로 이사왔다.

<table>
<tr><td>into/
out to</td><td>~ 안으로/
~ 밖으로</td><td>• She came <u>into the warm house</u>. 그녀는 따뜻한 집으로 들어왔다.
• He put on warm clothes and went <u>out to the yard</u>. 그는 따뜻한 옷을 입고 마당으로 나갔다.</td></tr>
</table>

(3) 여러 의미의 전치사

전치사	의미	예문
with	~ 을 가지고 (수단)	The baby played <u>with the doll</u>. 아기는 인형을 가지고 놀았다.
	~ <u>으로</u> (도구)	She cooked pancakes <u>with a frying pan</u>. 그녀는 프라이팬으로 팬케이크를 구웠다.
	~ 을 가진	a boy <u>with curly hair</u> 곱슬머리를 가진 소년
	~ 와 함께	He went on a trip <u>with his friend</u>. 그는 친구와 함께 여행을 갔다.
without	~ 없이	She can't live <u>without watching movies</u>. 그녀는 영화를 보는 것 없이는 살 수 없다.
about	~ 에 관해	Additional information <u>about the event</u> is posted on the website. 행사에 관한 추가적인 정보는 웹사이트에 게시되어 있습니다.
by	~ 에 의해서	Today's game was cancelled <u>by heavy rain</u>. 오늘 경기는 폭우로 인해 취소되었다.
	~ 함으로써	You can succeed <u>by trying hard</u>. 당신은 열심히 노력함으로써 성공할 수 있다. ※ by + 동명사 : ~함으로써, ~하여
	~ 을 타고	She went to her hometown <u>by train</u>. 그녀는 기차를 타고 고향으로 갔다.

 준동사, 특수구문(가정법)

01. to부정사

(1) **to부정사** : 'to + 동사원형'의 형태로, 명사, 형용사, 부사 역할을 한다.

(2) **to부정사의 용법**

① **명사적 용법** : '~ 하는 것.', '~ 하기'로 해석되면서 주어, 목적어, 보어 역할을 한다.

구분	예문
주어	<u>It</u> is difficult <u>to play the violin</u>. 바이올린을 연주하는 것은 어렵다. ※ 가주어 it과 to부정사 : to부정사가 주어 역할을 할 때는 주어 자리에 가주어 it을 쓰고 진짜 주어인 to부정사는 문장의 뒤로 보낸다. it는 아무 의미를 지니지 않는다.
목적어	• She wants <u>to meet her friend again</u>. 그녀는 친구를 다시 만나기를 원한다. • He decided <u>to be diligent</u>. 그는 부지런해지기로 결심했다.
보어	• His goal is <u>to win the competition</u>. 그의 목표는 대회에서 우승하는 것이다. ※ Be동사의 뒤에서 주어를 보충 설명해주는 주격 보어의 역할을 한다. • She asked me <u>to buy some onions</u>. 그녀는 내게 양파를 사다 달라고 부탁했다. ※ 5형식 문장에서 목적어를 보충해주는 목적격 보어의 역할을 한다.

② **형용사적 용법** : '~ 하는', '~ 할'로 해석되면서 명사나 대명사를 꾸며주는 역할을 한다.

구분	예문
명사 + to부정사 + 전치사	She bought a chair <u>to sit on</u>. 그녀는 앉을 의자를 하나 샀다. ※ to부정사가 꾸미는 명사가 전치사의 목적어일 때는 to부정사 뒤에 전치사를 써야 한다.
명사 + to부정사	• He needs water <u>to drink</u>. 그는 마실 물이 필요하다. • She lent a book to her friend <u>to read</u>. 그녀는 친구에게 읽을 책을 빌려주었다.

③ 부사적 용법 : 동사, 형용사, 부사 등을 꾸며주는 역할을 한다.

구분	예문
감정의 원인 (~ 해서)	She was happy <u>to see the performance</u> she wanted to see. 그녀는 보고 싶었던 공연을 보게 되어서 기뻤다. ※ 주로 glad, pleased, happy, sad 등 감정을 나타내는 동사 뒤에 쓰인다.
결과(~해서 ~ 하다)	He grew up <u>to be a great composer</u>. 그는 자라서 훌륭한 작곡가가 되었다. ※ 주로 grow up, wake up, live 등 동사와 함께 쓰이며 to부정사의 내용이 앞의 결과가 된다.
목적(~ 하기 위해)	I practiced hard <u>to win the basketball game</u>. 나는 농구경기에서 이기기 위해 열심히 연습했다. ※ in order to 또는 so as to로 쓸 수도 있다.

02. 동명사

(1) **동명사** : '동사원형 + − ing' 형태이며, '~ 하는 것', '~ 하기'로 해석된다. 주어, 목적어, 보어 역할을 한다.

(2) **동명사의 역할**

구분	의미	예문
주어	~ 하기는, ~ 하는 것은	<u>Observing</u> constellations is fun. 별자리를 관찰하는 것은 즐겁다. <u>Traveling</u> always makes me happy. 여행하는 것은 항상 나를 행복하게 한다.
목적어	~ 하기를, ~ 하는 것을	He finished <u>cleaning</u> and went out. 그는 청소하는 것을 끝내고 외출했다. She likes <u>watching</u> movies. 그녀는 영화 보는 것을 좋아한다.
보어	~ 하는 것	Her hobby is <u>reading</u> books. 그녀의 취미는 책을 읽는 것이다. ※ 주로 Be동사의 뒤에서 주어를 보충 설명한다.
전치사의 목적어	~ 하기를, ~ 하는 것을	He was worried <u>about taking</u> the presentation test tomorrow. 그는 내일 발표 시험을 보는 것을 걱정했다. ※ 전치사의 목적어로 동사를 사용할 때에는 동명사로 바꿔야 한다.

(3) **동명사와 to부정사** : 동명사 또는 to부정사만 목적어로 하는 동사가 있다.

① 동명사를 목적어로 하는 동사

• finish 끝내다	• consider 고려하다
• keep 계속하다	• suggest 제안하다
• stop 멈추다	• mind 꺼리다
• avoid 피하다	• practice 연습하다
• enjoy 즐기다	• quit 그만두다

② to부정사만 목적어로 하는 동사

• want 원하다	• offer 제안하다
• expect 기대하다	• hope 바라다
• decide 결심하다	• need 필요로 하다
• agree 동의하다	• promise 약속하다
• plan 계획하다	• wish 바라다

③ 동명사와 to부정사 전부 목적어로 하는 동사

• love 사랑하다
• like 좋아하다
• begin 시작하다
• start 시작하다
• hate 싫어하다

03. 분사

(1) **현재분사와 과거분사**

구분	현재분사	과거분사
형태	동사원형 + − ing	동사원형 + − ed, 불규칙 변화
의미	~ 하고 있는(진행), ~ 하는(능동)	~ 된(완료), ~ 되는 (수동)

(2) 분사의 역할

① 명사 수식

현재분사	과거분사
• a <u>flying</u> bird 날고 있는 새 • the <u>sleeping</u> girl 자고 있는 소녀	• a <u>grilled</u> pork. 구운 돼지고기 • the <u>retired</u> teacher 은퇴한 선생님

② 보어 : 주어나 목적어의 상태 또는 동작을 설명한다.

현재분사	과거분사
• The boy sat <u>reading</u> a book. 소년은 앉아서 책을 읽고 있었다. • I found her <u>crying</u> in the corner. 나는 그녀가 구석에서 울고 있는 것을 발견했다.	• She fixed the <u>broken</u> television. 그녀는 고장 난 텔레비전을 고쳤다. • We saw the work <u>done</u> perfectly. 우리는 일이 완벽하게 끝난 것을 보았다.

(3) 동사적 성격의 분사

구분	형태	예문
수동태	Be동사 + 과거분사	The Moonlight Sonata <u>was composed</u> by Beethoven. 월광 소나타는 베토벤에 의해 작곡되었다.
진행형	Be동사 + 현재분사	She <u>is talking</u> on the phone with her friend. 그녀는 친구와 전화를 하고 있다.
완료형	Be동사 + 과거분사	He <u>has been</u> running a shop here for seven years. 그는 7년 동안 이곳에서 가게를 운영해왔다.

03. 특수구문(가정법)

(1) 가정법 : 사실과 정반대인 내용을 상상하거나 가정하는 표현을 가정법이라고 한다. 직설법과는 다른 동사 형태를 가진다.

> • **가정법** : If you <u>laughed</u>, ~ 네가 웃었다면,
> • **직설법** : You are laughing. 네가 웃는다.

(2) 가정법 과거 : if절의 동사는 과거형이나, 실제로는 현재의 상황과 반대로 가정하거나 실현될 가능성이 낮은 일을 가정한다.

① 'If + 주어 + 동사의 과거형 ~ , 주어 + 조동사의 과거형 + 동사원형 ~' 형태로, '~ 하면 ~ 할 텐데'라는 뜻이다.

② 가정법 과거 문장의 Be동사는 인칭에 관계없이 were이다.

> • <u>If</u> I had the courage, I <u>would say</u> it confidently. 용기가 있었으면, 자신 있게 말할 텐데.
> • <u>If</u> I <u>were</u> a bird, I <u>could fly</u> in the sky. 내가 새라면 하늘을 날 수 있을 텐데.

(3) 가정법 과거 완료 : if절의 동사는 과거완료형이나, 실제로는 과거의 상황과 반대로 가정하거나 과거에 실현될 가능성이 낮았던 일을 가정한다.

① 'If + 주어 + 동사의 과거완료형(had p.p.) ~ , 주어 + 조동사의 과거형 + have p.p. ~ .' 형태로, '~ 했다면, ~ 했을 텐데'라는 뜻이다.

② 조동사의 과거형으로는 would(will), could(can), should, might(may)가 있다.

> • If I hadn't dropped my phone, I wouldn't have had to repair it. 내가 휴대전화를 떨어트리지 않았더라면, 고칠 필요가 없었을 텐데.
> • If I had checked it again, I wouldn't have made a mistake. 내가 다시 확인했더라면, 실수하지 않았을 텐데.

어휘

시험 출제경향

단어를 외워두는 것은 문법을 익히는 것만큼이나 매우 중요합니다. 아는 단어가 어느 정도인지에 따라 문제를 푸는 데 드는 시간이 달라지므로 최대한 많이 외워두는 것이 좋습니다. 이번 챕터에서는 5개년 기출문제에서 나왔던 주요 단어를 수록해두었습니다. 기출 단어 중에서는 시험에 여러 번 나온 것도 있으니 꼼꼼히 암기해야 합니다.

1 단어

01 | 기출 단어

(1) 2021년

2021년 제1회

- decorate 장식하다
- replace 대신하다
- bright 밝은
- equal 동일한
- positive 긍정적인
- negative 부정적인
- celebrate 기념하다
- favorite 매우 좋아하는
- borrow 빌리다
- recommend 추천하다
- environment 환경
- luggage 짐
- advantage 유리한 점
- memorize 암기하다
- cave 동굴
- ancient 고대의
- teenager 십대
- discover 발견하다
- beneficial 유익한
- intense 극심한
- reduce 줄이다
- passenger 승객
- accident 사고

- argue 언쟁을 하다/주장하다
- definitely 분명히
- improve 개선되다
- branch 나뭇가지
- unique 특별한
- method 방법

2021년 제2회

- benefit 혜택
- emotion 감정
- participant 참가자
- custom 관습
- refund 환불/환불하다
- exchange 교환/교환하다
- volunteer 자원봉사자/자원하다
- remain 남다
- forbid 금지하다
- electricity 전기
- university 대학교
- kindness 친절
- enter 들어가다
- International 국제적인
- competition 경쟁/대회
- provide 제공하다
- opportunity 기회
- environmental 환경의
- decrease 줄다/줄이다
- prepare 준비하다
- background 배경

- different 다른
- destroy 파괴하다
- flavor 풍미/맛
- creative 창조적인
- logical 타당한/논리적인
- compare 비교하다
- table tennis 탁구
- similarity 유사성
- difference 차이

(2) 2022년

2022년 제1회

- behavior 행동
- empty 비어 있는
- belong 제자리에 있다
- speech 연설
- bank account 계좌
- advertisement 광고
- foreigner 외국인
- decide 결심하다
- enough 충분한
- vegetable 채소
- announcement 발표
- management 경영/경영진
- inform 알리다/알아내다
- inconvenience 불편
- photograph 사진
- visitor 방문객
- individual 각각의
- appropriate 적절한
- earthquake 지진
- reservation 예약
- customer 고객/손님
- weather forecaster 일기 예보자
- observe 관찰하다
- condition 상태
- evidence 증거
- current 현재의
- overcome 극복하다
- disease 질병
- expensive 비싼
- anywhere 어디에/어디든

2022년 제2회

- confidence 신뢰
- traditional 전통적인
- journey 여행
- nervous 불안해 하는
- usually 보통/대개
- suffer 시달리다/고통받다
- disaster 참사/재해
- donation 기부
- experience 경험/겪다
- careless 부주의한
- cooperation 협력
- submit 제출하다
- evaluate 평가하다
- article 기사
- deadline 기한
- gesture 몸짓
- produce 생산하다
- fossil fuel 화석연료
- cause 원인/이유
- pollution 오염
- influence 영향/영향을 주다
- convenient 편리한/가까운
- steal 훔치다
- password 암호/비밀번호
- nowadays 요즘에는
- incorrect 부정확한
- satellite 위성/인공위성
- apologize 사과하다
- consider 사려하다/고려하다
- result 결과/결실

(3) 2023년

2023년 제1회

- duty 의무/직무
- polite 예의 바른/공손한
- rude 무례한
- expression 표현/표정
- freshly 갓 한
- contribute 기부하다/기여하다
- increase 증가하다
- budget 예산/비용
- research 연구/연구하다
- successful 성공한/출세한
- spend 쓰다/보내다
- regularly 정기적으로/규칙적으로
- improve 개선되다/향상시키다
- mistake 실수
- parrot 앵무새
- feather 깃털
- gorgeous 아주 멋진/화려한
- despite ~ 에도 불구하고
- pollute 오염시키다
- severe 극심한/심각한
- material 직물/물질적인
- usefulness 유용성/사용 가능성
- solution 해법/해답
- alternative 대안/대체 가능한
- important 중요한
- survey 조사/살피다
- community 주민/공동체
- motivate 이유가 되다/동기를 부여하다
- ordinary 보통의/평범한
- depend 의존하다/신뢰하다

2023년 제2회

- knowledge 지식
- season 계절
- various 여러 가지의/다양한
- forget 잊다/잊어버리다
- describe 말하다/묘사하다
- careful 조심하는/주의깊은
- myth 신화/근거 없는 믿음
- moreover 게다가/더욱이
- language 언어/말

- cycling 자전거 타기
- respect 존경/존경하다
- whenever ~ 할 때마다
- book 예약하다
- reply 대답하다/대응하다
- costume 의상
- raise 들어 올리다/일으키다
- counselor 고문/상담사
- spine 척추/등뼈
- several 몇몇의/각각의
- necessary 필요한/불가피한
- possible 가능한
- evaluate 평가하다
- traffic 교통(량)/운항(운행)
- conversation 대화/회화
- comfortable 편안한/쾌적한
- proverb 속담
- strange 이상한/낯선
- strategy 계획/전략
- easily 쉽게/수월하게/필시
- shape 모양/형태/모양으로 만들다

(4) 2024년

2024년 제1회

- painful 아픈/괴로운
- rapid 빠른
- honest 정직한/솔직한
- consist 되어있다/~ 에 있다
- indeed 정말/사실
- totally 완전히/전적으로
- mood 기분/분위기
- report 기록/알리다/보도하다
- depress 하락시키다/부진하게 하다
- anxious 불안해 하는/염려하는
- overall 종합적인/전체의/전반적으로
- satisfaction 만족/충족
- delivery 배달/전달
- wonder 궁금해 하다/놀라다
- major 전공/주요한/중대한/전공의
- crop 작물/수확량
- notice 공고문/알다/주목하다
- cultivation 경작/재배

- worldwide 전 세계적인
- consumption 소비/소비량
- abroad 해외로/해외에
- interpret 설명하다/해석하다/통역하다
- impolite 무례한/실례되는
- blame 탓/~을 탓하다/책임으로 보다
- result 결과/성적/~의 결과로 발생하다
- relationship 관계
- classmate 반 친구
- common 흔한/공동의
- guideline 지침
- reservation 예약

2024년 제2회

- alphabetical 알파벳순의
- famous 유명한
- maintain 유지하다/주장하다/부양하다
- weight 무게/체중/무겁게 하다
- muscle 근육/힘
- energetic 정력적인/활동적인
- almost 거의
- digestion 소화/소화력
- downstairs 아래층/아래층으로
- lately 최근에/얼마 전에
- especially 특히/특별히
- during 동안/~하는 중에
- appreciate 인식하다/인정하다
- prefer 선호하다
- divide 나누다/갈라지다
- require 필요하다/요구하다
- location 장소/야외 촬영지
- schedule 일정/일정을 잡다
- technical 기술적인/과학기술의/전문적인
- delay 지연/지체/미루다/지연시키다
- normal 보통/평균/보통의/평범한
- unexpected 예기치 않은/뜻밖의
- disappoint 실망시키다/좌절시키다
- film-making 영화 제작
- owner 주인/소유주
- cooperation 협력/협동/협조
- society 사회/집단/교제
- frequent 잦은/빈번한/자주 다니다
- wearable 착용하기에 적합한
- opportunity 기회

(5) 2025년

2025년 제1회

- exam 시험/검사
- increase 증가/증가하다/늘리다
- graduate 졸업자/졸업하다/학위를 받다
- invent 발명하다/지어내다
- neighbor 이웃/이웃의
- judge 판사/심판/판단하다/판정하다
- cover 덮개/씌우다/덮다/포함시키다
- homework 숙제/과제
- harmony 조화/화합/화음
- seatbelt 안전띠
- sunlight 햇볕
- expose 드러내다/노출시키다/폭로하다
- sunburn 햇볕에 입은 화상
- cancer 암
- order 순서/명령/주문하다/명령하다
- package 포장물/상자
- author 작가/저술하다
- vacation 휴가/방학
- application 신청서/지원/적용/응용
- form 서식/종류/형식/만들어 내다
- explorer 탐험가
- outer space 외부 공간/우주
- harsh 가혹한/혹독한
- midnight 자정/밤 열두시
- situation 상황/처지/환경
- question 질문/의문/질문하다
- huge 거대한/막대한
- psychologist 심리학자
- unprepared 준비가 안 된/예상 못한
- strange 이상한

- balance 균형/잔액/균형을 유지하다
- riverside 강변
- accidentally 우연히/뜻지 않게
- delight 기쁨/기쁨을 주다
- deserve ~ 을 받을 만하다/마땅하다
- announce 발표하다/알리다/선언하다
- explain 설명하다/해명하다
- afterward 후에/나중에
- weekly 주간의/매주의
- feedback 피드백
- organic 유기농의/유기의/장기의
- anger 화/분노/화나게 하다
- control 지배/통제/지배하다/제어하다
- react 반응하다/반응을 보이다
- respond 대답하다/답장을 보내다
- reuse 재사용하다
- purpose 목적/용도/결단력
- unwanted 원치 않는/반갑지 않은
- face 얼굴/표면/직면하다
- population 인구/주민
- eventually 결국/종내
- waste 낭비/낭비하다
- useful 유용한/유능한
- decade 10년
- promote 촉진하다/승진시키다
- sense 감각/지각/감지하다/느끼다
- accomplishment 업적/재주/완수
- injury 부상/상처
- modern 현대의/근대의/최신의
- mud 진흙

02. 고난도 단어

• misunderstand 오해하다	• astronaut 우주 비행사
• man-made 사람이 만든/인공의	• struggle 투쟁/분투/투쟁하다/싸우다
• artificial 인공의/인위적인	• flexibility 신축성
• encourage 격려하다/권장하다/부추기다	• anxiety 불안/염려/
• convenient 편리한/간편한	• sleeplessness 불면증
• innovative 획기적인	• enthusiastic 열렬한/열광적인
• frightened 겁먹은/무서워하는	• thoughtful 생각에 잠긴/사려 깊은
• atomic bomb 원자 폭탄	• transform 변형시키다
• multicultural 다문화의	• non-native 토종이 아닌/모국어 사용자가 아닌
• aging population 노령화 인구	• introduction 도입/도입부/첫 경험/소개
• energy-efficient 연료 효율이 좋은	• strategical 전략적인
• blood pressure 혈압	

01. 기출 숙어

- depend on ~에 의존하다
- have to 해야 한다
- interested in ~에 관심이 있는
- because of 때문에
- be able to 할 수 있다
- for example 예를 들어
- for instance 예를 들어
- such as 예를 들어/~와 같은
- find out 알아내다
- turn down 거절하다
- after all 결국에는/어쨌든
- calm down 진정하다
- instead of 대신에
- according to ~에 따르면/~에 따라
- what kind of 어떤 종류의
- try to 하려고 노력하다
- deal with ~을 다루다
- famous for ~로 유명한
- ask for ~에 대해 묻다
- agree with ~에 동의하다
- find out ~을 알아내다
- as you know 아시다시피
- put off 미루다/연기하다
- fill with ~로 가득차다
- think about ~에 관해 생각하다
- work on ~에 노력을 들이다
- these days 요즘에는
- based on ~에 근거하여
- in front of ~의 앞쪽에
- come from ~의 출신이다/~에서 생겨나다
- start in 시작하다/착수하다
- in addition 게다가
- give up 포기하다
- put on 상연하다/몸에 걸치다/놀라다
- well known 잘 알려진/유명한
- at the end 결국에는/끝에
- keep in mind 명심하다
- due to ~때문에/~에 기인하는
- exposed to ~에 드러내다
- lead to ~로 이어지다

02. 중요 숙어

- get along with ~와 잘 지내다
- satisfied with ~에 만족한
- figure out 알아내다/이해하다
- participate in ~에 참가하다
- ask for ~에 대해 묻다
- in order to ~하기 위해
- as a result 결과적으로
- relate to ~와 관계가 있다
- variety of 형형색색의
- tend to ~하는 경향이 있다
- be supposed to ~하기로 되어 있다/~인 것으로 여겨진다
- be worried about ~에 대해 걱정하다
- be aware of ~을 알다
- take part in ~에 참여하다/가담하다
- come up with ~을 생산하다
- focus on 초점을 맞추다/~에 주력하다
- look forward to ~을 기대하다

5개년 기출문제

2021년 제1회 기출문제

║1~3║ 다음 밑줄 친 부분의 뜻으로 가장 적절한 것을 고르시오.

1

> I can help you <u>decorate</u> the house with flowers.

① 구하다　　　　　　② 꾸미다
③ 나누다　　　　　　④ 옮기다

ADVICE ② 나는 꽃으로 집을 <u>꾸밀</u> 수 있다.

2

> It is so kind of you to <u>take care of</u> my cat.

① 돌보다　　　　　　② 미루다
③ 여행하다　　　　　④ 의지하다

ADVICE ① 내 고양이를 <u>돌봐주어서</u> 고마워.

3

> <u>In fact</u>, the smartphone has replaced the computer in many ways.

① 갑자기　　　　　　② 다행히
③ 사실상　　　　　　④ 처음에

ADVICE ③ <u>사실상</u>, 스마트폰은 여러 면에서 컴퓨터를 대체해 왔다.

4 다음 밑줄 친 두 단어의 의미 관계와 다른 것은?

> Even though it's <u>dark</u> outside, our house is <u>bright</u>.

① equal − same   ② hard − soft

③ positive − negative   ④ wide − narrow

ADVICE 바깥은 <u>어둡지만</u> 우리 집은 <u>밝다</u>.
① 밑줄 쳐진 두 단어는 반의 관계인 반면, equal과 same은 둘 다 '같다'는 뜻으로 같은 의미의 관계다.
② 거친(hard) − 부드러운(soft)
③ 긍정적인(positive) − 부정적인(negative)
④ 넓은(wide) − 좁은(narrow)

5 다음 전시회 안내문에서 언급되지 않은 것은?

> Art Exhibition
>
> Date : November 12th − 25th
> Time : 10a.m. − 6p.m.
> Place : Central Art Museum
> Tickets : Adults $15, students $10
>   We are closed on Tuesdays.

① 전시 기간   ② 환불 규정

③ 티켓 가격   ④ 휴관일

ADVICE ② 티켓 가격과 휴관일 등은 명시되어 있으나 환불 규정은 언급되지 않았다.

해석 전시회
날짜 : 11월 12일 − 25일
시간 : 오전 10시 − 오후 6시
장소 : Central Art Museum
티켓 가격 : 어른 15달러, 학생 10달러
화요일은 휴무입니다.

≫ ANSWER 1.② 2.① 3.③ 4.① 5.②

6

> • I go for a ______________ every morning.
> • His parents ______________ a small coffee shop.

① carry 　　　　　② have
③ matter 　　　　　④ run

> **ADVICE** ④ run 달리다, (사업체 등을) 운영하다
> ① carry 나르다
> ② have 가지다
> ③ matter 문제되다

> **해석** • 나는 매일 아침마다 달려간다.
> • 그의 부모님은 작은 커피숍을 운영한다.

7

> • I have a friend ____________ lives in America.
> • • Dad, ___ won the tennis match last night?

① how 　　　　　② what
③ when 　　　　　④ who

> **ADVICE** ④ 첫 번째 문장에서 who는 관계대명사로 사용되었고, 두 번째 문장에서는 '누가' 이겼는지 물어보는 의문사
> 로 사용되었다.

> **해석** • 나는 미국에 사는 친구가 있다.
> • 아빠, 어제 밤 테니스 경기에서 누가 이겼나요?

8

> • There are large trees ______________ front of the house.
> • Many people are interested ______________ South Korea.

① at 　　　　　② for
③ in 　　　　　④ to

> **해석** • 집 앞에 큰 나무들이 있다.
> • 많은 사람들이 한국에 관심이 있다.

> **단어** in front of ~앞쪽에, interested in ~에 관심이 있는.

9 다음 대화에서 밑줄 친 표현의 의미로 가장 적절한 것은?

> A : Did you know that today is Children's Day?
> B : Yeah. I can't believe that it's May already.
> A : It seems like just yesterday that we celebrated New Year's Day.
> B : I know. My mom says to value every moment because <u>time flies like an arrow</u>.

① 세 살 버릇 여든까지 간다.
② 시간은 쏜살같이 지나간다.
③ 뜻이 있는 곳에 길이 있다.
④ 욕심이 지나치면 화가 된다.

ADVICE ② 밑줄 친 표현은 '시간은 화살과 같다'라는 뜻으로 시간은 쏜살같이 지나간다는 의미이다.

해 석 A : 오늘이 어린이 날이라는 거 알고 계셨나요?
B : 물론이에요. 벌써 오월이라는 게 믿기지 않아요.
A : 새해 첫날 맞은 지가 어제 같은데 말이에요.
B : 맞아요. 제 어머니는 <u>시간은 쏜살같이 지나가기</u> 때문에 매 순간을 소중히 여기라고 말씀하셨어요.

단 어 already 이미, 벌써, celebrated 기념하다

10 다음 대화에서 알 수 있는 B의 심정으로 가장 적절한 것은?

> A : How are you feeling today?
> B : I'm so happy. I feel on top of the world!
> A : That's great. What happened?
> B : I just saw my favorite singer in person!

① 섭섭하다　　　　　　　② 속상하다
③ 외롭다　　　　　　　　④ 행복하다

ADVICE ④ 가장 좋아하는 가수를 직접 보았기 때문에 B의 심정은 '행복하다'가 적절하다.

해 석 A : 오늘 기분이 어때요?
B : 정말 행복해요. 세상의 정상에 있는 기분이에요.
A : 그거 다행이네요. 무슨 일이 있었는데요?
B : 방금 제가 제일 좋아하는 가수를 직접 봤거든요!

단 어 top of the world 행복의 절정을 의미함, favorite 매우 좋아하는

≫ ANSWER 6.④ 7.④ 8.③ 9.② 10.④

11 다음 대화가 이루어지는 장소로 가장 적절한 것은?

> A : Hello. I'd like to check out these books.
> B : Okay. Are you going to borrow all three of them?
> A : Well, now that I think about it, I only need these two.
> B : No problem.

① 도서관 　　　　　　　　② 세탁소

③ 약국 　　　　　　　　　④ 은행

ADVICE ① 책을 대출하는 상황이므로 대화가 이루어지는 장소는 도서관이 적절하다.

해 석 A : 안녕하세요. 이 책을 대출하고 싶은데요.
　　　　 B : 네. 세 개를 전부 대출하실 건가요?
　　　　 A : 글쎄요. 지금 생각해 보니 이 두 개만 있으면 될 것 같아요.
　　　　 B : 문제 없어요.

단 어 check something out (도서관 등에서) 대출받다. borrow 빌리다

12 다음 글에서 밑줄 친 <u>It</u>이 가리키는 것으로 가장 적절한 것은?

> All animals and plants depend on water to live. Our body is about 60 to 70 percent water. We can go weeks without food. But without water, we would die in a few days. <u>It</u> is very important for our lives.

① animal 　　　　　　　　② body

③ plant 　　　　　　　　　④ water

ADVICE ④ It은 water(물)을 가리키며 설명하고 있다.

해 석 모든 동식물은 살기 위해 물에 의존한다. 우리의 몸은 약 60에서 70퍼센트의 물로 이루어져 있다. 우리는 몇 주 동안 음식 없이 살 수 있다. 그러나 물 없이는 수일 내로 죽을 것이다. <u>물은</u> 우리의 삶에서 매우 중요하다.

단 어 depend on ~에 의존하다. important 중요한.

13

> A : Everything on the menu looks so delicious!
> B : Yeah. This is one of my favorite restaurants.
> A : Great! _______________________________?
> B : How about the spaghetti with cream sauce? It's one of their best dishes.

① Can you recommend a dish for me

② What is your favorite restaurant

③ Why do you like Italian fashion

④ Have you ever been to Italy

ADVICE
① 제게 요리를 추천해 주실 수 있나요?
② 당신이 가장 좋아하는 레스토랑은 어디인가요?
③ 당신은 왜 이탈리안 패션을 좋아하시나요?
④ 이탈리아에 가본 적이 있나요?

해 석
A : 모든 메뉴가 맛있어 보이네요!
B : 그러게요. 이곳이 제가 가장 좋아하는 레스토랑 중 한 곳이에요.
A : 좋네요! 제게 요리를 추천해 주실 수 있나요?
B : 크림소스를 곁들인 스파게티는 어떠세요? 인기 있는 요리 중 하나예요.

14

> A : _______________________________?
> B: It's because we have to save the environment.

① Why do we have to recycle

② How long have you lived here

③ What does your luggage look like

④ Whenwas the best moment of your life

ADVICE
① 우리는 왜 재활용을 해야 하나요?
② 이곳에 산지 얼마나 되셨나요?
③ 짐은 어떻게 생겼나요?
④ 당신의 삶에서 최고의 순간은 언제였나요?

해 석
A : 우리는 왜 재활용을 해야 하나요?
B : 우리는 환경을 보호해야 하기 때문이에요.

단 어 environment 환경, recycle 재활용하다

» **ANSWER** 11.① 12.④ 13.① 14.①

15 다음 대화의 주제로 가장 적절한 것은?

> A : I think writing by hand has many advantages.
> B : Really? Like what?
> A : For one, it helps us memorize things.
> B : I can see that. What else?
> A : It can also add a personal touch to a letter.

① 암기의 중요성
② 손으로 쓰기의 장점
③ 편지지 고르는 방법
④ 논리적 사고의 필요성

해석 A : 손으로 글을 쓰는 건 많은 장점이 있다고 생각해요.
B : 정말요? 왜죠?
A : 우선, 그건 우리가 무언가를 외우는 데 도움을 줘요.
B : 알겠어요. 또 뭐가 있나요?
A : 편지에 개인의 감정을 더할 수 있어요.

단어 advantage 이점, 장점, memorize 암기하다, personal 개인의

16 다음 글을 쓴 목적으로 가장 적절한 것은?

> I'm writing this email to say sorry to you because of what I did the last couple of days. I thought you and Jessica were ignoring me on purpose, so I treated you unkindly. Now I know I have misunderstood you. I want to say I'm really sorry.

① 거절하려고
② 문의하려고
③ 사과하려고
④ 소개하려고

해석 지난 며칠 동안 제가 했던 일 때문에 당신에게 사과하기 위해 이메일을 씁니다. 당신과 제시카가 일부러 저를 무시하는 줄 알고 불친절하게 대했습니다. 이제야 오해했다는 걸 알았습니다. 정말 죄송하다고 말씀드리고 싶습니다.

단어 ignore 무시하다, purpose 목적, treat 대하다, unkindly 불친절하게, misunderstand 오해하다

17 다음 관광 안내문의 내용과 일치하지 않는 것은?

Saturday Tour to Tongyeong

What you will do :
- ride a cable car on Mireuksan
- visit the undersea tunnel and Jungang Market

Lunch is provided
You must reserve the tour by Thursday

---

① 케이블카를 탄다.

② 해저 터널과 시장을 방문한다.

③ 점심은 각자 준비한다.

④ 목요일까지 관광 예약을 해야 한다.

ADVICE ③ 점심은 제공된다고 명시되어 있다.

해 석 토요일 통영 투어
당신이 하게 될 것 :
- 미륵산에서 케이블카 타기
- 해저터널과 정강시장 방문하기

점심은 제공됩니다.
목요일까지 투어를 예약해야 합니다.

» ANSWER 15.② 16.③ 17.③

18 다음 Lascaux 동굴에 대한 설명과 일치하지 않는 것은?

> The Lascaux cave is located in southwestern France. It contains ancient paintings of large animals. No one knew about the cave until 1940. Four teenagers accidentally discovered it while running after their dog. In 1963, in order to preserve the paintings, the cave was closed to the public.

① 프랑스 남서부에 있다.
② 커다란 동물의 그림이 있다.
③ 십대 청소년 네 명이 발견하였다.
④ 1963년에 대중에게 개방되었다.

ADVICE ④ 1963년에 동굴은 그림을 보존하기 위해 대중에게 공개되지 않았다.

해 석 라스코 동굴은 프랑스 남서쪽에 위치해 있다. 라스코 동굴에는 대형 동물 고대 벽화가 있다. 1940년까지 그 동굴에 대해서 아무도 알지 못했다. 네 명의 십대 청소년들이 반려견을 쫓아가다가 우연히 동굴을 발견했다. 1963년, 그림을 보존하기 위해 동굴은 대중에게 공개되지 않았다.

단 어 contain ~ 이 들어있다, teenager 십대, discovered 발견된, in order to ~ 하기 위해, preserve 지키다, public 일반 사람들

19 다음 글의 주제로 가장 적절한 것은?

> Walking can be just as beneficial to your health as more intense exercise. A physical benefit of walking is that it can reduce body fat. It also has a mental health benefit because it can help reduce stress. So get up and walk!

① 걷기의 장점
② 부상 예방 방법
③ 스트레스의 위험
④ 운동 시 주의 사항

해 석 걷기는 격한 운동만큼이나 당신의 건강에 유익할 수 있습니다. 걷기의 신체적인 이점은 체지방을 낮출 수 있다는 것입니다. 또한 그것은 스트레스를 줄여주기 때문에 정신 건강에도 이점이 있습니다. 그러니 일어나서 걸어보세요!

단 어 beneficial 유익한, intense 극심한, fat 지방

▌20~21▐ 다음 글의 빈칸에 들어갈 말로 가장 적절한 것을 고르시오.

20

> Cars should be able to endure the strong impact that they receive when they crash into another car or object. Thus, the bodies of cars are designed to absorb heavy shocks. The goal is to ___________ drivers and passengers in case of serious car accidents.

① describe

② encourage

③ increase

④ protect

ADVICE ④ protect 보호하다
① describe 묘사하다
② encourage 격려하다
③ increase 증가하다

해 석 자동차는 다른 자동차나 물체에 충돌했을 때 받는 강한 충격을 견딜 수 있어야 한다. 따라서 자동차의 차체는 큰 충격이 흡수되도록 설계되어 있다. 목표는 심각한 교통사고 발생 시 운전자와 승객들을 <u>보호하는</u> 것이다.

단 어 endure 견디다, impact 충격, receive 받다, absorb 흡수하다, accident 사고

21

> Soft drink companies attract consumers by adding bright colors to their products. Most of these colors, however, are not ___________. They are man-made. For example, the artificial color Yellow No. 6, used in some pineapple juices, adds nothing to the taste. It is just there to make the drink look pretty.

① convenient

② frightened

③ innovative

④ natural

ADVICE ④ natural 자연의
① convenient 편리한
② frightened 겁먹은
③ innovative 획기적인

해 석 청량음료 회사들은 그들의 제품에 밝은 색깔을 더함으로써 소비자들을 끌어들인다. 그러나 이러한 색깔들 대부분은 <u>자연</u> 색상이 아니다. 그것들은 인공적으로 만들어진 것이다. 예를 들어, 몇몇 파인애플 주스에 쓰이는 인공 색상 노란색 6번은 주스의 맛에 아무런 영향을 주지 않는다. 그것은 단지 음료가 예쁘게 보이도록 만들기 위함이다.

단 어 soft drink 청량음료, attract 끌어들이다, consumer 소비자, man – made 인공의, artificial 인공적인

> **ANSWER** 18.④ 19.① 20.④ 21.④

22 글의 흐름으로 보아 다음 문장이 들어가기에 가장 적절한 곳은?

> However, I think science does us more good than harm.

> Some people argue that science can be dangerous. (①) They say the atomic bomb is the perfect example of the dangers of science. (②) For instance, science helps make better medicine. (③) It definitely improves the quality of our lives. (④) I believe that science will continue to make a better world for us.

ADVICE ② 「그러나 나는 과학이 우리에게 해를 끼치기보다 더 좋은 일을 해준다고 생각한다.」라는 문장은 과학의 위험을 주장하는 내용에 반대하는 내용이므로 ② 자리에 들어가는 것이 적절하다.

해석 몇몇 사람들은 과학이 위험해질 수 있다고 주장한다. (①) 그들은 원자폭탄이 과학의 위험을 보여주는 완벽한 예시라고 말한다. (②) 예를 들어, 과학은 더 나은 의학을 만드는 데 도움이 된다. (③) 과학은 분명히 우리 삶의 질을 향상시킨다. (④) 나는 과학이 우리를 위해 더 나은 세상을 계속 만들 것이라고 믿는다.

단어 argue 언쟁하다. 주장하다. atomic bomb 원자 폭탄. medicine 의학. 약. improve 개선하다

23 다음 글의 바로 뒤에 이어질 내용으로 가장 적절한 것은?

> If you go to South Africa or Madagascar, you can see huge and strange-looking trees, called baobobs. Known as "upside-down trees," their branches look like their roots are spreading towards the sky. Why do you think the baobob tree has this unique shape? Let's find out.

① 바오바브나무의 유익한 성분
② 바오바브나무를 재배하는 방법
③ 바오바브나무의 모습이 특이한 이유
④ 바오바브나무가 생태계에 미치는 영향

해석 만약 당신이 남아프리카 혹은 마다가스카르를 간다면, 당신은 바오바브라고 불리는 거대하고 이상한 나무를 볼 수 있을 것이다. '거꾸로 된 나무'라고 알려진 바오바브나무의 가지는 뿌리가 하늘을 향해 뻗어있는 것처럼 보인다. 당신은 바오바브나무가 왜 이렇게 독특한 모양을 가지고 있다고 생각하는가? 알아보도록 하자.

단어 strange – looking 이상하게 생긴. upside down 거꾸로. branch 나뭇가지. spread 펼치다. unique 특별한

Do you know how to invent new things? A good method is inventing by addition. This means inventing something by adding a new element to something that already exists. _____________________, Hyman Lipman became a great U.S. inventor by attaching an eraser to the top of a pencil. Now that you know how to invent something, try to make an invention.

24 윗글의 빈칸에 들어갈 말로 가장 적절한 것은?

① For example　　　　　　② Instead

③ In contrast　　　　　　④ Nevertheless

ADVICE ① For example 예를 들어
② Instead 대신에
③ In contrast 그에 반해서
④ Nevertheless 그럼에도 불구하고

해석 새로운 것을 어떻게 발명하는지 알고 있는가? 좋은 방법은 더하는 것을 통해 발명하는 것이다. 이는 이미 존재하는 것에 새로운 요소를 더함으로써 무언가를 발명하는 것을 의미한다. 예를 들어, 하이먼 립먼은 연필의 상단에 지우개를 부착함으로써 미국 최고의 발명가가 되었다. 이제 무언가를 어떻게 발명하는지 알았으니 발명품을 만들어보아라.

단어 method 방법, invent 발명하다, element 요소, exist 존재하다, inventor 발명가, attach 붙이다

25 윗글의 주제로 가장 적절한 것은?

① 전기 자동차의 미래
② 체중 조절에 대한 조언
③ 새로운 것을 발명하는 방법
④ 좋은 학용품을 사용하는 이유

ADVICE ③ 위의 글은 이미 있는 것에 새로운 것을 더하여 발명하는 방법에 대해 설명하고 있다.

》 ANSWER 22.②　23.③　24.①　25.③

2021년 제2회 기출문제

|1~3| 다음 밑줄 친 부분의 뜻으로 가장 적절한 것을 고르시오.

1

> Science has brought many <u>benefits</u> to the world.

① 규칙 　　　　　　　② 목표
③ 의미 　　　　　　　④ 혜택

ADVICE ④ 과학은 세상에 많은 <u>혜택</u>을 가져다주었다.

2

> I will <u>get along with</u> my classmates better this year.

① 감탄하다 　　　　　② 어울리다
③ 실망하다 　　　　　④ 경쟁하다

ADVICE ② 올해 나는 반 친구들과 더 잘 <u>어울릴</u> 것이다.

3

> <u>After all</u>, the news turned out to be true.

① 결국 　　　　　　　② 만약에
③ 적어도 　　　　　　④ 예를 들면

ADVICE ① <u>결국</u>, 그 소식은 사실로 드러났다.

4 다음 밑줄 친 두 단어의 의미 관계와 다른 것은?

> When people ask me about my favorite <u>food</u>, I always answer that it is <u>pizza</u>.

① animal － horse

② danger － safety

③ vegetable － onion

④ emotion － happiness

ADVICE 사람들이 내게 가장 좋아하는 <u>음식</u>을 물어봤을 때, 나는 항상 <u>피자</u>라고 대답한다.
② 밑줄 쳐진 두 단어는 상위·하위 관계인 반면, danger는 '위험한'이라는 뜻이고 safety은 '안전한'이라는 의미이므로 서로 반대 관계이다.
① animal(동물) － horse(말)
③ vegetable(채소) － onion(양파)
④ emotion(감정) － happiness(행복)

5 다음 자선 달리기 행사 안내문에서 언급되지 않은 것은?

> CHARITY RUN
>
> Come out and show your support for cancer patients!
> • Date : September 24th
> • Time : 9a.m. － 4p.m.
> • Place : Asia Stadium
>   ※ Free T － shirts for participants

① 행사 날짜

② 행사 시간

③ 행사 장소

④ 행사 참가비

ADVICE ④ 행사 참가비에 대한 내용은 언급되어 있지 않다.

해석 자선 달리기
암 환자를 위해 나와서 응원해 주세요!
• 날짜 : 9월 24일
• 시간 : 오전 9시－오후 4시
• 장소 : 아시아 스타디움
※ 참가자용 티셔츠 무료

» ANSWER 1.④ 2.① 3.① 4.② 5.④

6

> • She has a big smile on her ____________.
> • You should learn to ____________ your problem

① face   ② heat

③ meet   ④ walk

ADVICE ① face 얼굴, 직면하다
② heat 뜨겁게 하다
③ meet 만나다
④ walk 걷다

해 석 • 그녀는 얼굴에 환한 미소를 띠고 있다.
• 너는 너의 문제에 직면하는 법을 배워야 한다.

7

> • Tom, ____________ are you planning to go?
> • There is a safe place ____________ we can stay.

① who   ② what

③ where   ④ which

ADVICE ③ 첫 번째 문장에서 where은 '어디에' 갈 계획인지 묻는 의문사로 사용되었고 두 번째 문장에서는 관계부사로 사용되었다.

해 석 • 톰, 어디를 갈 계획인가요?
• 여기는 우리가 머무를 수 있는 안전한 곳입니다.

8

> • Please calm ____________ and listen to me.
> • Could you turn ____________ the volume?

① down   ② for

③ into   ④ with

해 석 • 부디 진정하고 제 말을 들어주세요.
• 소리를 조금만 낮춰주실 수 있나요?

단 어 calm down 진정하다, down 양이 적거나 더 낮게

9 다음 대화에서 밑줄 친 표현의 의미로 가장 적절한 것은?

> A : I'm going to Germany next week. Any advice?
> B : Remember to cut your potato with a fork, not a knife.
> A : Why is that?
> B : That's a German dining custom. <u>When in Rome, do as the Romans do</u>.

① 기회가 왔을 때 잡아야 한다.
② 진정한 배움에는 지름길이 없다.
③ 사귀는 친구를 보면 그 사람을 알 수 있다.
④ 다른 나라에 가면 그 나라의 풍습을 따라야 한다.

ADVICE ④ 밑줄 친 표현은 '로마에 가면 로마법을 따르라'는 뜻으로 다른 나라에 가면 그 나라의 풍습을 따라야 한다는 의미이다.

해석 A : 다음 주에 독일에 가요. 조언해 주실 게 있나요?
B : 감자를 자를 때는 칼이 아니라 포크로 자르는 것을 기억하세요.
A : 왜 그런가요?
B : 그건 독일의 식사 관습이에요. <u>로마에 가면 로마법을 따르라</u>는 말이 있잖아요.

단어 advice 조언, 충고, custom 관습

10 다음 대화에서 알 수 있는 B의 심정으로 가장 적절한 것은?

> A : How do you like your new job?
> B : It's a lot of work, but I like it very much.
> A : Really? That's great.
> B : Thanks. I'm very satisfied with it.

① 불안하다　　　　　　　　② 실망하다
③ 만족하다　　　　　　　　④ 지루하다

ADVICE ③ B는 새 직장이 일이 많지만 마음에 든다며 만족하고 있다.

해석 A : 새 직장은 어때요?
B : 일이 많긴 하지만, 정말 마음에 들어요.
A : 정말요? 그거 잘 됐네요.
B : 고마워요. 전 정말 만족해요.

➤ **ANSWER**　6.① 7.③ 8.① 9.④ 10.③

11 다음 대화가 이루어지는 장소로 가장 적절한 것은?

> A : I'd like to get a refund for this jacket.
> B : May I ask you what the problem is?
> A : It's too big for me.
> B : Would you like to exchange it for a smaller size?
> A : No, thank you.

① 옷 가게   ② 경찰서
③ 은행   ④ 가구점

ADVICE ① A는 재킷을 환불하러 왔으므로 대화가 이루어지는 장소는 옷 가게이다.

해석 A : 이 재킷을 환불하고 싶어요.
B : 무슨 문제인지 여쭤도 될까요?
A : 저한테 너무 커요.
B : 더 작은 사이즈로 교환해 드릴까요?
A : 아뇨, 괜찮아요.

단어 refund 환불, 환불하다, exchange 교환하다

12 다음 글에서 밑줄 친 It이 가리키는 것으로 가장 적절한 것은?

> One day in math class, Mary volunteered to solve a problem. When she got to the front of the class, she realized that <u>it</u> was very difficult. But she remained calm and began to write the answer on the blackboard.

① blackboard   ② classroom
③ problem   ④ school

ADVICE ③ 여기서 It은 problem(문제)를 가리킨다.

해석 어느 날 수학 시간에 메리가 문제를 풀겠다고 자원했다. 앞으로 나갔을 때, 그녀는 문제가 매우 어렵다는 것을 깨달았다. 하지만 메리는 침착함을 유지하고 칠판에 답을 쓰기 시작했다.

단어 (in) front of ~ 의 앞쪽에, realize 깨닫다, remain 남아있다(유지하다)

13

> A : ____ ?
> B : Sure, Mom. What is it?
> A : Can you pick up some eggs from the supermarket?
> B : Okay. I'll stop by on my way home.

① Why are you so upset

② Will you teach me how

③ Can you do me a favor

④ How far is the bus stop

ADVICE ③ 부탁 하나 들어줄래?
① 왜 그렇게 화났어?
② 어떻게 하는지 가르쳐줄래?
④ 버스 정류장에서 얼마나 멀어?

해석 A : 부탁 하나 들어줄래?
B : 물론이죠, 엄마. 뭔데요?
A : 슈퍼마켓에서 달걀 좀 사다줄래?
B : 알겠어요. 집에 오는 길에 들를게요.

14

> A : How long have you been skating?
> B : ____ .

① I went skiing last month

② I have been skating since I was 10

③ I will learn how to skate this winter

④ I want to go skating with my parents

ADVICE ② 저는 10살 때부터 스케이트를 타고 있어요.
① 저는 지난달에 스키를 타러 갔어요.
③ 저는 이번 겨울에 스케이트 타는 법을 배울 거예요.
④ 저는 부모님과 함께 스케이트를 타러 가고 싶어요.

해석 A : 스케이트는 얼마나 오래 탔어요?
B : 저는 10살 때부터 스케이트를 타고 있어요.

》 ANSWER　11.①　12.③　13.③　14.②

15 다음 대화의 주제로 가장 적절한 것은?

A : What can we do to save electricity?
B : We can switch off the lights when we leave rooms.
A : I see. Anything else?
B : It's also a good idea to use the stairs instead of the elevator.

① 조명의 중요성
② 전기 절약 방법
③ 대체 에너지의 종류
④ 엘리베이터 이용 수칙

해석 A : 전기를 아끼기 위해서 우리가 무엇을 할 수 있을까요?
B : 방을 나갈 때 불을 끌 수 있어요.
A : 그렇군요. 또 다른 거는요?
B : 엘리베이터 대신 계단을 이용하는 것도 좋은 방법이에요.

단어 switch off 끄다, instead of 대신에

16 다음 글을 쓴 목적으로 가장 적절한 것은?

I want to express my thanks for writing a recommendation letter for me. Thanks to you, I now have a chance to study in my dream university. I will never forget your help and kindness.

① 감사하려고
② 거절하려고
③ 사과하려고
④ 추천하려고

해석 저를 위해 추천서를 써 주심에 감사의 마음을 표하고 싶습니다. 덕분에 저는 꿈꾸던 대학에서 공부할 기회를 갖게 되었습니다. 당신의 도움과 친절을 결코 잊지 않겠습니다.

단어 recommendation 추천서, forget 잊다, kindness 친절

17 다음 수영장 이용 규칙에 대한 안내문의 내용과 일치하지 않는 것은?

SWIMMING POOL RULES

You must :

- take a shower before entering the pool.
- always wear a swimming cap.
- follow the instructions of the lifeguard.
  ※ Diving is not permitted.

---

① 수영 후에는 샤워를 해야 한다.
② 항상 수영모를 착용해야 한다.
③ 안전 요원의 지시를 따라야 한다.
④ 다이빙은 허용되지 않는다.

ADVICE ① 샤워는 수영장에 들어가기 전에 해야 한다고 명시되어 있다.

해석 수영장 규칙
지켜야 할 것 :
- 수영장에 들어가기 전에 샤워할 것
- 항상 수영모를 착용할 것
- 안전요원의 지시에 따를 것
※ 다이빙은 금지되어 있습니다.

18 다음 International Mango Festival에 대한 설명과 일치하지 않는 것은?

> The International Mango Festival, which started in 1987, celebrates everything about mangoes. It is held in India in summer every year. It has many events such as a mango eating competition and a quiz show. The festival provides an opportunity to taste more than 550 kinds of mangoes for free.

① 1987년에 시작되었다.
② 매년 여름 인도에서 열린다.
③ 망고 먹기 대회가 있다.
④ 망고를 맛보려면 돈을 내야 한다.

ADVICE ④ 축제에서는 망고를 무료로 맛볼 수 있는 기회를 제공한다고 했다.

해석 1987년에 시작된 국제 망고 축제는 망고와 관련된 모든 것을 기념한다. 이 축제는 매년 여름 인도에서 열린다. 망고 먹기 대회, 퀴즈쇼 같은 다양한 행사가 있다. 축제에서는 550 종류가 넘는 망고를 무료로 맛볼 수 있는 기회를 제공한다.

단어 International 국제적인, start in 시작하다, celebrate 기념하다, competition 대회, opportunity 기회

19 다음 글의 주제로 가장 적절한 것은?

> The increasing amount of food trash is becoming a serious environmental problem. Here are some easy ways to decrease the amount of food trash. First, make a list of the food you need before shopping. Second, make sure not to prepare too much food for each meal. Third, save the food that is left for later use.

① 분리수거 시 유의 사항
② 장보기 목록 작성 요령
③ 음식물 쓰레기를 줄이는 방법
④ 올바른 식습관 형성의 필요성

해석 증가하는 음식물 쓰레기의 양은 심각한 환경문제가 되고 있다. 여기 음식물 쓰레기의 양을 줄일 수 있는 쉬운 방법 몇 가지가 있다. 첫째, 장보기 전에 필요한 음식 목록을 작성해라. 둘째, 한 끼에 너무 많은 음식을 준비하지 않도록 해라. 셋째, 남은 음식은 나중에 사용할 수 있도록 보관해라.

단어 increasing 증가하는, decrease 줄다, prepare 준비하다

20

> The students at my high school have ____________ backgrounds. They are from different countries such as Russia, Thailand, and Chile. I am quite happy to be in a multicultural environment with my international classmates.

① close

② diverse

③ negative

④ single

ADVICE ② diverse 다양한
① close 가까운
③ negative 부정적인
④ single 단 하나의, 단일의

해석 나의 고등학교 학생들은 <u>다양한</u> 배경을 가지고 있다. 그들은 러시아, 태국, 칠레 같은 다양한 나라 출신이다. 나는 국제적인 반 친구들과 함께 다문화 환경에서 있어서 매우 행복하다.

단어 background 배경, such as ~ 와 같은, multicultural 다문화의

21

> Tate Modern is a museum located in London. It used to be a power station. After the station closed down in 1981, the British government decided to ____________________ it into a museum instead of destroying it. Now this museum holds the national collection of modern British artwork.

① balance

② forbid

③ prevent

④ transform

ADVICE ④ transform 변형시키다
① balance 균형을 유지하다
② forbid 금지하다
③ prevent 막다

해석 Tate Modern은 런던에 위치한 미술관이다. 원래 이 건물은 발전소였다. 1981년에 발전소가 문을 닫은 후, 영국 정부는 건물을 부수는 것 대신 미술관으로 <u>변형시키기</u>로 결정하였다. 현재 이 미술관은 현대 영국 미술 작품의 국가 소장품을 소장하고 있다.

단어 power station 발전소, government 정부, decided to ~ 하기로 결정하다, artwork 미술 작품

» ANSWER 18.④ 19.③ 20.② 21.④

22 글의 흐름으로 보아 다음 문장이 들어가기에 가장 적절한 곳은?

> What if your favorite flavor is strawberry?

> Do you love ice cream? (①) Like most people, I love ice cream very much. (②) According to a newspaper article, your favorite ice cream flavor could show what kind of person you are. (③) For example, if your favorite flavor is chocolate, it means that you are very creative and enthusiastic. (④) It means you are logical and thoughtful.

ADVICE ④ 「만약 당신이 좋아하는 맛이 딸기라면 어떻게 될까요?」이라는 문장 뒤에는 어떤 종류의 사람인지에 관한 내용이 나와야 하므로 ④ 자리로 들어가는 것이 적절하다.

해석 아이스크림을 좋아하나요? (①) 대부분의 사람들처럼, 저는 아이스크림을 매우 좋아합니다. (②) 한 신문 기사에 따르면, 당신이 가장 좋아하는 아이스크림의 맛은 당신이 어떤 종류의 사람인지 보여줄 수 있다고 합니다. (③) 예를 들어, 만약 당신이 초콜릿 맛을 좋아한다면, 이는 당신이 매우 창의적이고 열정적이라는 의미입니다. (④) 이는 당신이 논리적이고 사려 깊다는 의미입니다.

단어 what if ~ 라면 어떻게 되는가? article 기사, flavor 맛, creative 창의적인, logical 논리적인, thoughtful 사려 깊은, enthusiastic 열정적인

23 다음 글의 바로 뒤에 이어질 내용으로 가장 적절한 것은?

> As you know, many young people these days suffer from neck pain. This is because they spend many hours per day leaning over a desk while studying or using smartphones. But don't worry. We have some exercises that can help prevent and reduce neck pain. This is how you do them.

① 현대인들의 목 통증의 원인
② 목 통증을 유발하기 쉬운 자세
③ 목 통증을 예방하고 줄일 수 있는 운동법
④ 스마트폰 사용 시간과 목 통증의 상관관계

해석 알다시피, 요즘 많은 젊은이들이 목통증을 겪고 있다. 이는 하루에 여러 시간을 공부를 하거나 스마트폰을 사용하면서 몸을 책상에 숙이고 보내기 때문이다. 하지만 걱정하지 마라. 목통증을 막고 줄이는 데 도움을 줄 수 있는 운동 몇 가지가 있다. 이렇게 하면 된다.

단어 suffer 겪다, per day 하루에, prevent 막다

When comparing tennis with table tennis, there are some similarities and differences. First, they are both racket sports. Also, both players hit a ball back and forth across a net. ___________________, there are differences, too. While tennis is played on a court, table tennis is played on a table. Another difference is that a much bigger racket is used in tennis compared to table tennis.

24 윗글의 빈칸에 들어갈 말로 가장 적절한 것은?

① Finally

② However

③ Therefore

④ For example

ADVICE ② Howeve 그러나
① Finally 마침내
③ Therefore 그러므로
④ For example 예를 들어

해석 테니스와 탁구를 비교해볼 때, 몇 가지 유사점과 차이점이 있다. 첫째, 둘 다 라켓 스포츠이다. 또한 두 선수가 네트를 사이에 두고 공을 주고받는다. 그러나 차이점도 있다. 테니스는 코트에서 경기를 하는 반면, 탁구는 탁자 위에서 경기를 한다. 또 다른 차이점은 테니스에서 사용하는 라켓이 탁구보다 훨씬 더 크다는 것이다.

단어 table tennis 탁구, similarity 유사점, compared to ~와 비교하여

25 윗글의 주제로 가장 적절한 것은?

① 탁구와 테니스의 경기 방법

② 탁구와 테니스의 운동 효과

③ 탁구와 테니스의 라켓 사용법

④ 탁구와 테니스의 유사점과 차이점

ADVICE ④ 위의 글은 탁구와 테니스의 유사점과 차이점에 대해 설명하고 있다.

》 ANSWER 22.④ 23.③ 24.② 25.④

CHAPTER 03

2022년 제1회 기출문제

▌1~3 ▌ 다음 밑줄 친 부분의 뜻으로 가장 적절한 것을 고르시오.

1

> For children, it is important to encourage good <u>behavior</u>.

① 행동   ② 규칙
③ 감정   ④ 신념

ADVICE ① 아이들에게 좋은 행동을 장려하는 건 중요하다.

2

> She had to <u>put off</u> the trip because of heavy rain.

① 계획하다   ② 연기하다
③ 기록하다   ④ 시작하다

ADVICE ② 그녀는 많은 비 때문에 여행을 연기해야 했다.

3

> Many online lessons are free of charge. <u>Besides</u>, you can watch them anytime and anywhere.

① 마침내   ② 게다가
③ 그러나   ④ 예를 들면

ADVICE ② 많은 온라인 강의들은 무료다. 게다가 언제든 어디서든 볼 수 있다.

4 다음 밑줄 친 두 단어의 의미 관계와 다른 것은?

> While some people say that a glass is half <u>full</u>, others say that it's half <u>empty</u>.

① high − low
② hot − cold
③ tiny − small
④ fast − slow

ADVICE 어떤 사람들은 잔이 반쯤 <u>차 있</u>다고 말하는 반면, 다른 사람들은 반쯤 <u>비었</u>다고 말한다.
③ 밑줄 처진 두 단어는 반의 관계인 반면, tiny는 '아주 작다'는 뜻이고 small 역시 '작다'는 뜻으로, 비슷한 의미이다.
① high(높은) − low(낮은)
② hot(더운) − cold(추운)
④ fast(빠른) − slow(느린)

5 다음 행사 안내문에서 언급되지 않은 것은?

> Happy Earth Day Event
>
> When : April 22, 2022
> Where : Community Center
> What to do : • Exchange used things
> • Make 100% natural shampoo

① 참가 자격
② 행사 날짜
③ 행사 장소
④ 행사 내용

ADVICE ① 위 글에서는 참가 자격에 관한 내용은 언급되어 있지 않다.

해 석 행복한 지구의 날 행사
일시 : 2022년 4월 22일
장소 : 커뮤니티 센터
할 일 :
• 중고 물건 교환하기
• 100퍼센트 천연 샴푸 만들기

» ANSWER 1.① 2.② 3.② 4.③ 5.①

6

> • When you _____________ the train, make sure you take all your belongings.
> • Please _____________ the book on the table after reading it.

① open　　　　　　　　　　② learn

③ leave　　　　　　　　　　④ believe

> **ADVICE** ③ leave 떠나다, 놓아두다
> ① open 열다
> ② learn 배우다
> ④ believe 믿다
>
> **해 석** • 기차에서 내릴 때는 소지품을 모두 챙기도록 해라.
> • 책을 다 읽은 후에는 탁자 위에 놓아 주세요.

7

> • Minsu, _____________ are you going to do this weekend?
> • No one knows exactly _____________ happened

① what　　　　　　　　　　② that

③ who　　　　　　　　　　④ if

> **ADVICE** ① 첫 번째 문장에서 what은 직접의문문의 의문사로 사용되었고, 두 번째 문장에서는 간접의문문의 의문사로 사용되었다.
>
> **해 석** • 민수야, 이번 주말에 뭐 할 거야?
> • 무슨 일이 일어났는지 아무도 정확히 모른다.

8

> • Dad's heart is filled _____________ love for me.
> • Alice was satisfied _____________ her performance.

① at　　　　　　　　　　② in

③ for　　　　　　　　　　④ with

> **해 석** • 아빠의 마음은 나를 위한 사랑으로 가득 차 있다.
> • 앨리스는 그녀의 공연에 만족했다.
>
> **단 어** fill with ~으로 가득 차다, satisfied with ~에 만족한

9 다음 대화에서 밑줄 친 표현의 의미로 가장 적절한 것은?

A : What are you doing, Junho?
B : I'm trying to solve this math problem, but it's too difficult for me.
A : Let's try to figure it out together.
B : That's a good idea. <u>Two heads are better than one</u>.

---

① 수고 없이 얻는 것은 없다.

② 사공이 많으면 배가 산으로 간다.

③ 겉모습만으로 사람을 판단해서는 안 된다.

④ 혼자보다 두 명이 함께 생각하는 것이 낫다.

> **ADVICE** ④ 밑줄 친 표현은 '한 머리보다 두 머리가 낫다'는 뜻으로 혼자보다는 두 명이 함께 생각하는 게 낫다는 의미이다.

> **해석** A : 뭐 하고 있어, 준호야?
> B : 이 수학 문제를 풀고 있는데, 나한테 너무 어려워.
> A : 같이 해결해 보자.
> B : 좋은 생각이다. <u>한 머리보다는 두 머리가 낫지</u>.

10 다음 대화에서 알 수 있는 B의 심정으로 가장 적절한 것은?

A : Did you get the results for the English speech contest?
B : Yeah, I just got them.
A : So, how did you do?
B : I won first prize. It's the happiest day of my life.

---

① 행복　　　　　　　　　② 실망
③ 분노　　　　　　　　　④ 불안

> **ADVICE** ① B는 1등을 하여 인생에서 가장 행복한 날이라고 했으므로 행복한 심정이 적절하다.

> **해석** A : 영어 말하기 대회 결과 받았어?
> B : 응. 방금 받았어.
> A : 그래서, 어떻게 됐어?
> B : 1등 했어. 내 인생에서 제일 행복한 날이야.

> **단어** speech 연설, win prize 수상을 차지하다

» ANSWER 6.③ 7.① 8.④ 9.④ 10.①

11 다음 대화가 이루어지는 장소로 가장 적절한 것은?

> A : Good morning. How may I help you?
> B : Hi, I'd like to open a bank account.
> A : All right. Please fill out this form.
> B : Thanks. I'll do it now.

① 은행   ② 경찰서

③ 미용실   ④ 체육관

ADVICE ① 계좌를 개설하고 싶다는 내용이 있으므로 대화 장소는 은행이다.

해 석 A : 좋은 아침이에요. 무엇을 도와드릴까요?
B : 안녕하세요. 계좌를 개설하고 싶어요.
A : 알겠습니다. 이 양식을 작성해주세요.
B : 감사합니다. 지금 할게요.

단 어 bank account 계좌, fill out 채우다

12 다음 글에서 밑줄 친 It이 가리키는 것으로 가장 적절한 것은?

> One day, Michael saw an advertisement for a reporter in the local newspaper. It was a job he'd always dreamed of. So he made up his mind to apply for the job.

① actor   ② teacher

③ reporter   ④ designer

ADVICE ③ It은 reporter(기자)를 가리키며 설명하고 있다.

해 석 어느 날, 마이클은 지역 신문에서 기자 모집 광고를 보았다. 기자는 그가 늘 꿈꿔왔던 직업이었다. 그래서 그는 그 일자리에 지원하기로 마음먹었다.

단 어 advertisement 광고, apply 지원하다

▌13~14 ▌ 다음 대화의 빈칸에 들어갈 말로 가장 적절한 것을 고르시오.

13

A : ____?
B : I'm going to teach Korean to foreigners.
A : Great. Remember you should volunteer with a good heart.
B : I'll keep that in mind.

① When is your birthday
② What did you do last Friday
③ What do you think about Korean food
④ What kind of volunteer work are you going to do

ADVICE ④ 어떤 종류의 봉사활동을 할 건가요?
① 생일이 언제인가요?
② 지난 금요일에 뭘 했나요?
③ 한국 음식에 대해서 어떻게 생각하나요?

해석 A : 어떤 종류의 봉사활동을 할 건가요?
B : 외국인들에게 한국어를 가르칠 거예요.
A : 잘 됐네요. 좋은 마음으로 봉사해야 한다는 걸 기억하세요.
B : 명심할게요.

14

A : Have you decided which club you're going to join this year?
B : ____.

① I left Korea for Canada
② I went to see a doctor yesterday
③ I've decided to join the dance club
④ I had spaghetti for dinner last night

ADVICE ③ 댄스 동아리에 들어가기로 결심했어.
① 한국을 떠나서 캐나다로 갔어.
② 어제 의사를 만나러 갔어
④ 어제 저녁 식사로 스파게티를 먹었어.

해석 A : 올해 어떤 동아리에 들어갈지 결심했어?
B : 댄스 동아리에 들어가기로 결심했어.

» ANSWER 11.① 12.③ 13.④ 14.③

15 다음 대화의 주제로 가장 적절한 것은?

> A : Doctor, my eyes are tired from working on the computer all day. What can I do to look after my eyes?
> B : Make sure you have enough sleep to rest your eyes.
> A : Okay. Then what else can you recommend?
> B : Eat fruits and vegetables that have lots of vitamins.

① 비타민의 부작용

② 눈 건강을 돌보는 방법

③ 수면 부족의 원인

④ 시력 회복에 도움 되는 운동

ADVICE A : 의사 선생님, 하루 종일 컴퓨터로 일을 해서 눈이 피곤합니다. 눈을 관리하려면 무엇을 할 수 있을까요?
B : 눈을 쉬게 하기 위해 충분한 숙면을 취하도록 하세요.
A : 알겠습니다. 그러면 다른 것도 추천해 주실 수 있나요?
B : 많은 비타민을 함유한 과일이나 채소를 먹으세요.

단 어 Make sure 반드시 하다, recommend 추천하다, look after something ~을 돌보다

16 다음 글을 쓴 목적으로 가장 적절한 것은?

> This is an announcement from the management office. As you were informed yesterday, the electricity will be cut this afternoon from 1p.m. to 2p.m. We're sorry for any inconvenience. Thank you for your understanding.

① 공지하려고　　　　　　　　② 불평하려고

③ 거절하려고　　　　　　　　④ 문의하려고

해 석 관리사무소에서 알립니다. 어제 안내받으신 것과 같이, 전지가 오후 1시부터 2시까지 끊어질 겁니다. 불편을 드려 죄송합니다. 양해해 주서서 감사합니다.

단 어 announcement 소식, 발표, management office 관리 사무실, inform 알리다, inconvenience 불편

17 다음 박물관에 대한 안내문의 내용과 일치하지 않는 것은?

Shakespeare Museum

Hours
• Open daily : 9:00a.m. − 6:00p.m.

Admission
• Adults : $12
• Students and children : $8
• 10% discount for groups of ten or more

Photography
• Visitors can take photographs.

① 오전 9시부터 오후 6시까지 개방한다.
② 어른은 입장료가 12달러이다.
③ 10명 이상의 단체는 입장료가 10% 할인된다.
④ 모든 사진 촬영은 금지된다.

ADVICE ④ 방문객은 사진을 찍을 수 있다고 명시되어 있다.

해 석 셰익스피어 박물관
운영시간
• 매일 운영 : 오전9시 − 오후 6시
입장료
• 성인 12달러
• 학생 및 어린이 : 8달러
• 10인 이상 단체는 10퍼센트 할인
사진 촬영
• 방문객은 사진을 찍을 수 있음

18 다음 2022 Science Presentation Contest에 대한 설명과 일치하지 않는 것은?

> The 2022 Science Presentation Contest will be held on May 20, 2022. The topic is global warming. Contestants can participate in the contest only as individuals. Presentations should not be longer than 10 minutes. For more information, see Mr. Lee at the teachers' office.

① 5월 20일에 개최된다.
② 발표 주제는 지구 온난화이다.
③ 그룹 참가가 가능하다.
④ 발표 시간은 10분을 넘지 않아야 한다.

ADVICE ③ 대회에는 개인으로만 참가할 수 있다.

해 석 과학 발표 대회가 2022년 5월 20일에 열립니다. 주제는 지구 온난화입니다. 참가자는 개인으로만 대회에 참여할 수 있습니다. 발표는 10분을 넘지 않아야 합니다. 더 많은 정보는 교무실의 이 선생님께 문의하세요.

단 어 presentation 발표, global warming 지구 온난화, contestant 참가자, individual 개인의

19 다음 글의 주제로 가장 적절한 것은?

> I'd like to tell you about appropriate actions to take in emergency situations. First, when there is a fire, use the stairs instead of taking the elevator. Second, in the case of an earthquake, go to an open area and stay away from tall buildings because they may fall on you.

① 지진 발생 원인   ② 에너지 절약의 필요성
③ 환경 보호 실천 방안   ④ 비상사태 발생 시 대처 방법

해 석 비상 상황에서 취해야 할 적절한 행동에 대해 말씀드리겠습니다. 첫째, 화재일 때 엘리베이터를 이용하는 대신 계단을 이용하세요. 둘째, 지진이 발생했을 경우, 넓은 공간으로 가고 높은 건물이 무너질 수도 있으니 멀리 떨어지세요.

단 어 appropriate 적절한, emergency 비상, earthquake 지진

20

These days, many people make reservations at restaurants and never show up. Here are some tips for restaurants to reduce no-show customers. First, ask for a deposit. If the customers don't show up, they'll lose their money. Second, call the customer the day before to ______________ the reservation.

① cook

② forget

③ confirm

④ imagine

ADVICE ③ confirm 확인하다
① cook 요리하다
② forget 잊다
④ imagine 상상하다

해석 요즘, 많은 사람들이 식당에 예약을 하고 나타나지 않는다. 여기 식당에서 노쇼 고객을 줄이기 위한 몇 가지 방법이 있다. 첫째, 예약금을 요청해라. 만약 고객이 나타나지 않으면 그들은 돈을 잃게 될 것이다. 둘째, 예약을 확인하기 위해 고객에게 전화해라.

단어 reservation 예약, no-show 나타나지 않음, deposit 예약금

21

Weather forecasters ______________ the amount of rain, wind speeds, and paths of storms. In order to do so, they observe the weather conditions and use their knowledge of weather patterns. Based on current evidence and past experience, they decide what the weather will be like.

① ignore

② predict

③ violate

④ negotiate

ADVICE ② predict 예측하다
① ignore 무시하다
③ violate 위반하다
④ negotiate 협상하다

해석 기상 예보관들은 강수량, 풍속, 폭풍 경로를 예측한다. 이를 위해 그들은 기상 상태를 관찰하고 그들의 기상 패턴 지식을 사용한다. 현재의 증거와 과거의 경험을 바탕으로 하여, 그들은 날씨가 어떨지 결정한다.

단어 Weather forecaster 일기 예보자, observe 관찰하다, weather condition 기상 상태, knowledge 지식, Based on ~에 근거하여

» **ANSWER** 18.③ 19.④ 20.③ 21.②

22 글의 흐름으로 보아 다음 문장이 들어가기에 가장 적절한 곳은?

> To overcome this problem, soap can be made by volunteer groups and donated to the countries that need it.

> (①)Washing your hands with soap helps prevent the spread of disease. (②) In fact, in West and Central Africa alone, washing hands with soap could save about half a million lives each year. (③) However, the problem is that soap is expensive in this region. (④) This way, we can help save more lives.

ADVICE ④ 「이 문제를 극복하기 위해, 봉사 단체들이 비누를 만들어 필요한 나라에 기부할 수 있다.」는 문장은 비누가 비싸다는 문제를 해결하기 위한 방안에 대한 내용이므로 ④가 가장 적절하다.

해 석 (①) 비누로 손을 씻는 것은 질병의 확산을 막는 데 도움을 준다. (②) 실제로, 서아프리카와 중앙아프리카에서 비누로 손을 씻으면 매년 약 50만 명의 생명을 구할 수 있다. (③) 그러나 문제는 그 지역에서 비누가 비싸다는 것이다. (④) 이 방법으로, 우리는 더 많은 생명을 구할 수 있을 것이다.

단 어 overcome 극복하다, volunteer자원 봉사자, disease 질병, expensive 비싼, region 지역

23 다음 글의 바로 뒤에 이어질 내용으로 가장 적절한 것은?

> In the future, many countries will have the problem of aging populations. We will have more and more old people. This means jobs related to the aging population will be in demand. So when you're thinking of a job, you should consider this change. Now, I'll recommend some job choices for a time of aging populations.

① 노령화와 기술 발전
② 성인병을 관리하는 방법
③ 노화 예방 운동법 소개
④ 노령화 시대를 위한 직업 추천

해 석 미래에는 많은 나라들이 고령화 문제를 가지게 될 것이다. 노인 인구는 점점 더 많아질 것이다. 이는 고령 인구와 관련된 일자리의 수요가 있을 것임을 의미한다. 그러므로 일자리를 생각할 때 당신은 이 변화를 고려해야 한다. 이제 고령화 시대의 몇 가지 일자리 선택지를 추천해 주겠다.

단 어 aging population 노령화 인구, related to ~ 와 관련 있는, demand 요구, consider 고려하다

Do you know flowers provide us with many health benefits? For example, the smell of roses can help ________________________ stress levels. Another example is lavender. Lavender is known to be helpful if you have trouble sleeping. These are just two examples of how flowers help with our health.

24 윗글의 빈칸에 들어갈 말로 가장 적절한 것은?

① insist

② reduce

③ trust

④ admire

> **ADVICE** ② reduce 낮추다
> ① insist 고집하다
> ③ trust 믿다
> ④ admire 존경하다

> **해석** 꽃들이 우리에게 많은 건강상의 이점을 준다는 것을 알고 있는가? 예를 들어, 장미 향기는 스트레스 수준을 낮추는 데 도움을 줄 수 있다. 다른 예시는 라벤더이다. 라벤더는 잠을 못자는 경우에 도움이 된다고 알려져 있다. 이것들은 꽃이 우리 건강에 도움을 주는 예시 두 개일 뿐이다.

25 윗글의 주제로 가장 적절한 것은?

① 고혈압에 좋은 식품

② 충분한 수면의 필요성

③ 꽃이 건강에 주는 이점

④ 아름다운 꽃을 고르는 방법

> **ADVICE** ③ 위의 글은 장미와 라벤더의 예시를 들며 꽃이 우리의 건강에 주는 이점에 대해 설명하고 있다.

》 ANSWER 22.④ 23.④ 24.② 25.③

2022년 제2회 기출문제

┃1~3┃ 다음 밑줄 친 부분의 뜻으로 가장 적절한 것을 고르시오.

1

> To speak English well, you need to have <u>confidence</u>.

① 논리력 　　　　　　　　② 자신감
③ 의구심 　　　　　　　　④ 창의력

> **ADVICE** ② 영어를 잘 말하기 위해서는 <u>자신감</u>이 필요하다.

2

> The country had to <u>deal with</u> its food shortage problems.

① 생산하다 　　　　　　　② 연기하다
③ 처리하다 　　　　　　　④ 확대하다

> **ADVICE** ③ 그 나라는 식량부족 문제를 <u>처리해야</u> 한다.

3

> Sunlight comes in through the windows and, <u>as a result</u>, the house becomes warm.

① 그 결과 　　　　　　　　② 사실은
③ 예를 들면 　　　　　　　④ 불행하게도

> **ADVICE** ① 햇빛이 창문을 통해 들어오면, <u>그 결과</u> 집이 따뜻해진다.

4 다음 밑줄 친 두 단어의 의미 관계와 다른 것은?

> Patience is <u>bitter</u>, but its fruit is <u>sweet</u>.

① new－old

② clean－dirty

③ fine－good

④ easy－difficul

ADVICE 인내는 <u>쓰지만</u>, 그 열매는 <u>달다</u>.
③ 밑줄 쳐진 두 단어는 반의 관계인 반면, fine은 '좋은'이라는 뜻이고 good 역시 '좋은'이라는 뜻으로 의미가 동일한 관계이다.
① new(새로운)－old(오래된)
② clean(깨끗한)－dirty(더러운)
④ easy(쉬운)－difficult(어려운)

5 다음 축제 안내문에서 언급되지 않은 것은?

> Gimchi Festival
>
> Place : Gimchi Museum
> Events :
>　• Learning to make gimchi
>　• Tasting various gimchi
> Entrance Fee : 5,000won
>　　　Come and taste traditional Korean food!

① 날짜

② 장소

③ 행사 내용

④ 입장료

ADVICE ① 날짜에 대해서는 언급되어 있지 않다.

해 석 김치 축제
장소 : 김치 박물관
행사
• 김치 만들기 배우기
• 다양한 김치 맛보기
참가비 : 5000원
와서 전통적인 한국 음식을 맛보세요!

>> **ANSWER**　1.②　2.③　3.①　4.③　5.①

6

> • Let's _____________ in front of the restaurant at 2 o'clock.
> • The hotel manager did his best to _____________ guests' needs.

① dive

② meet

③ wear

④ happen

ADVICE ② meet 만나다, 충족시키다
① dive 뛰어들다
③ wear 입다
④ happen 일어나다

해석 • 2시에 레스토랑 앞에서 만나자.
• 호텔 지배인은 손님들의 요구를 충족시키기 위해서 최선을 다했다.

7

> • Jim, _____________ are you going to come home?
> • Listening to music can be helpful _____________ you feel bad.

① how

② who

③ what

④ when

ADVICE ④ 첫 번째 문장에서 when은 '언제' 갈 거냐는 의문사로 사용되었고 두 번째 문장에서는 접속사로 사용되었다.

해석 • 짐, 언제 집에 갈 거야?
• 기분이 좋지 않을 때 노래를 듣는 것은 도움이 될 수 있다.

8

> • Welcome. What can I do _____________ you, today?
> • I've spent almost an hour waiting _____________ the bus.

① up

② for

③ out

④ with

해석 • 어서 오세요. 오늘 무엇을 도와드릴까요?
• 나는 버스를 기다리느라 거의 한 시간을 보냈다.

단어 wait for ~을 기다리다

9 다음 대화에서 밑줄 친 표현의 의미로 가장 적절한 것은?

A : I want to do something to help children in need.
B : That's great. Do you have any ideas?
A : I will sell my old clothes and use the money for the children. But it's not going to be easy.
B : Don't worry. <u>A journey of a thousand miles starts with a single step</u>.

① 모든 일에는 원인이 있다.
② 몸이 건강해야 마음도 건강하다.
③ 친구를 보면 그 사람을 알 수 있다.
④ 어려운 일도 일단 시작해야 이룰 수 있다.

ADVICE ④ 밑줄친 표현은 '천 마일의 여정은 한 걸음으로 시작된다는' 뜻으로 어려운 일도 일단 시작해야 이룰 수 있다는 의미이다.

해석 A : 도움이 필요한 아이들을 위해 뭔가를 하고 싶어요.
B : 좋네요. 어떤 아이디어가 있나요?
A : 오래된 옷을 팔고 그 돈을 아이들을 위해 쓸 거예요. 하지만 쉽지는 않을 거예요.
B : 걱정하지 마세요. <u>천 마일의 여정은 한걸음으로 시작하니까요.</u>

10 다음 대화에서 알 수 있는 B의 심정으로 가장 적절한 것은?

A : Is this your first time to do bungee jumping?
B : Yes, it is. And I'm really nervous.
A : Bungee jumping is perfectly safe. You'll be fine.
B : That's what I've heard, but I'm still not sure if I want to do it.

① 만족　　　　　　　　　　② 불안
③ 실망　　　　　　　　　　④ 행복

ADVICE ② B는 번지점프가 안전하다는 것을 들었지만 여전히 긴장하고 있다.

해석 A : 번지점프를 하는 건 이번이 처음인가요?
B : 네, 맞아요. 그래서 정말 긴장돼요.
A : 번지점프는 완전히 안전해요. 괜찮을 거예요.
B : 그렇게 듣긴 했지만, 아직 제가 하고 싶은지 잘 모르겠어요.

》 ANSWER 6.② 7.④ 8.② 9.④ 10.②

11 다음 대화가 이루어지는 장소로 가장 적절한 것은?

> A : Hello, I'm looking for a dinner table for my house.
> B : Come this way, please. What type would you like?
> A : I'd like a round one.
> B : Okay. I'll show you two different models.

① 세탁소 ② 가구점
③ 도서관 ④ 체육관

ADVICE ② A는 집에 놓아둘 저녁 식탁, 즉 가구를 찾고 있으므로 대화가 이루어지는 장소는 가구점이다.

해석 A : 안녕하세요, 집에 둘 저녁 식탁을 찾고 있어요.
B : 이쪽으로 오세요. 어떤 종류를 원하시나요?
A : 둥근 걸로 하고 싶어요.
B : 알겠어요. 다른 두 가지 모델을 보여드릴게요.

12 다음 글에서 밑줄 친 It(it)이 가리키는 것으로 가장 적절한 것은?

> A donation is usually done for kind and good-hearted purposes. <u>It</u> can take many different forms. For example, <u>it</u> may be money, food or medical care given to people suffering from natural disasters.

① donation ② nature
③ people ④ suffering

ADVICE ① It은 donation(기부)을 가리키며 설명하고 있다.

해석 기부는 보통 친절하고 좋은 목적으로 이루어진다. <u>기부</u>는 다양한 형태로 이루어질 수 있다. 예를 들어, <u>기부</u>는 자연재해로 고통받고 있는 사람들에게 돈, 음식, 또는 의료 지원이 될 수 있다.

단어 donation 기부, good-hearted 마음씨가 고운, purpose 목적, disaster 재해

|13~14 | 다음 대화의 빈칸에 들어갈 말로 가장 적절한 것을 고르시오.

13

A: Mary's birthday is coming. ______________________?
B: Good idea. What about giving her a phone case?
A: She just got a new one. How about a coffee mug?
B: Perfect! She likes to drink coffee.

① What is it for

② Where did you get it

③ Why don't we buy her a gift

④ What do you usually do after school

ADVICE ③ 그녀에게 선물을 하나 사는 건 어때?
① 이건 무엇을 위한 거야?
② 이건 어디서 샀어?
④ 방과후에는 보통 뭘 해?

해석 A : 메리의 생일이 다가오고 있어 <u>그녀에게 선물을 하나 사는 건 어때</u>?
B : 좋은 생각이야. 핸드폰 케이스를 주는 건 어떨까?
A : 그녀는 새로운 걸 하나 샀어. 커피 머그잔은 어때?
B : 완벽하네! 그녀는 커피 마시는 걸 좋아하잖아.

14

A : What do you do for a living?
B : ______________________.

① I prefer winter to summer

② That wasn't what I wanted

③ I teach high school students

④ It'll take an hour to get to the beach

ADVICE ③ 고등학생들을 가르치고 있어요.
① 저는 여름보다 겨울이 좋아요.
② 그건 제가 원했던 게 아니에요.
④ 해변까지 가는 데 한 시간이 걸릴 거예요.

해석 A : 직업이 무엇인가요?
B : <u>고등학생들을 가르치고 있어요.</u>

» ANSWER 11.② 12.① 13.③ 14.③

15 다음 대화의 주제로 가장 적절한 것은?

> A : I don't know what career I'd like to have in the future.
> B : Why don't you get experience in different areas?
> A : Hmm... how can I do that?
> B : How about participating in job experience programs? I'm sure it will help.

① 자원 개발의 필요성
② 진로 선택을 위한 조언
③ 자존감을 높이는 방법
④ 자원봉사 활동의 어려움

해 석　A : 미래에 어떤 직업을 갖고 싶은지 모르겠어.
　　　　B : 다양한 분야에서 경험을 해보는 건 어때?
　　　　A : 흠... 그걸 어떻게 할 수 있어?
　　　　B : 직업 체험 프로그램에 참가해 보는 건 어때? 분명 도움이 될 거야.

단 어　career 직업, area 분야, participate 참가하다

16 다음 글을 쓴 목적으로 가장 적절한 것은?

> We would like to ask you to put trash in the trash cans in the park. We are having difficulty keeping the park clean because of the careless behavior of some visitors. We need your cooperation. Thank you.

① 공지하려고　　　　　　　　　② 불평하려고
③ 거절하려고　　　　　　　　　④ 문의하려고

해 석　쓰레기는 공원 내 쓰레기통에 버려 달라고 부탁드리고 싶습니다. 몇몇 방문객들의 부주의한 행동 때문에 공원을 깨끗하게 유지하는 데 어려움을 겪고 있습니다. 여러분의 협조가 필요합니다. 감사합니다.

단 어　difficulty 어려움, keeping 유지, careless 부주의한, behavior 행동, cooperation 협조

17 다음 캠프 안내문의 내용과 일치하지 않는 것은?

Summer Sports Camp

• Fun and safe sports programs for children aged 7 – 12
• From August 1st to August 7th
• What you will do :
      Badminton, Basketball, Soccer, Swimming
※ Every child should bring a swim suit and lunch each day.

---

① 7세부터 12세까지 어린이들을 대상으로 한다.
② 기간은 8월 1일부터 8월 7일까지이다.
③ 네 가지 스포츠 활동을 할 수 있다.
④ 매일 점심이 제공된다.

ADVICE ④ 점심은 매일 가져와야 한다고 명시되어 있다.

해석 여름 스포츠 캠프
－7-12세 어린이를 위한 재밌고 안전한 스포츠 프로그램
－기간: 8월 1일부터 8월 7일
－활동 내용 : 배드민턴, 농구, 축구, 수영
※ 모든 어린이는 수영복과 점심을 매일 가져와야 합니다.

18 다음 학교 신문 기자 모집에 대한 설명과 일치하지 않는 것은?

> We're looking for reporters for our school newspaper. If you're interested, please submit three articles about school life. Each article should be more than 500 words. Our student reporters will evaluate your articles. The deadline is September 5th.

① 학교생활에 관한 기사를 세 편 제출해야 한다.
② 각 기사는 500단어 이상이어야 한다.
③ 담당 교사가 기사를 평가한다.
④ 마감일은 9월 5일이다.

ADVICE ③ 기사는 학생 기자들이 평가한다.

해 석 우리 학교 신문에서 기자를 찾고 있습니다. 관심이 있다면 학교생활에 관한 기사 세 편을 제출해 주세요. 각 기사는 500단어 이상이어야 합니다. 학생 기자들이 당신의 기사를 평가할 겁니다. 마감일은 9월 5일입니다.

단 어 look for 찾다, interested 관심 있어 하는, submit 제출하다, deadline 기한

19 다음 글의 주제로 가장 적절한 것은?

> Gestures can have different meanings in different countries. For example, the OK sign means "okay" or "all right" in many countries. The same gesture, however, means "zero" in France. French people use it when they want to say there is nothing.

① 세계의 음식 문화　　　　　② 예술의 교육적 효과
③ 다문화 사회의 특징　　　　④ 국가별 제스처의 의미 차이

ADVICE 몸짓은 나라마다 다른 의미를 가질 수 있다. 예를 들어, OK사인은 많은 나라에서 "좋아요" 혹은 "알겠어"라는 뜻이다. 하지만 같은 몸짓이 프랑스에서는 "0"을 의미한다. 프랑스 사람들은 아무것도 없다는 것을 말하고 싶을 때 그것을 사용한다.

단 어 gesture 몸짓, French 프랑스의

20

Many power plants produce energy by burning fossil fuels, such as coal or gas. This causes air pollution and influences the ________________________. Therefore, try to use less energy by choosing energy-efficient products. It can help save the earth.

① environment　　　　　　　② material

③ product　　　　　　　　　④ weight

ADVICE　① environment 환경
③ product 물건
② material 직물
④ weigh 무게

해석　많은 발전소가 석탄 혹은 가스 같은 화석 연료를 태움으로써 에너지를 생산한다. 이것은 대기 오염을 야기하고 환경에 영향을 미친다. 그러니 에너지 효율 제품을 선택하여 에너지 사용을 줄이도록 노력해라. 그것은 지구를 지키는 데 도움이 줄 수 있다.

단어　power plant 발전소, produce 생산하다, fossil fuel 화석 연료, cause ~을 야기하다, air pollution 공기 오염, energy – efficient 에너지 효율

21

The Internet makes our lives more convenient. We can pay bills and shop on the Internet. However, personal information can be easily stolen online. There are ways to ________ your information. First, set a strong password. Second, never click on unknown links.

① cancel　　　　　　　　　② destroy

③ protect　　　　　　　　　④ refund

ADVICE　③ protect 보호하다
① cancel 취소하다
② destroy 파괴하다
④ refund 환불하다

해석　인터넷은 우리의 삶을 좀 더 편리하게 만들어준다. 우리는 인터넷으로 비용을 지불하거나 쇼핑을 할 수 있다. 그러나 개인 정보가 쉽게 온라인에 도용될 수 있다. 개인 정보를 보호하는 방법이 있다. 첫째, 강력한 비밀번호를 설정해라. 둘째, 알려지지 않은 링크는 클릭하지 마라.

단어　convenient 편리한, personal information 개인 정보, steal 훔치다, unknown 알려지지 않은

» **ANSWER**　18.③　19.④　20.①　21.③

22 글의 흐름으로 보아 다음 문장이 들어가기에 가장 적절한 곳은?

> But nowadays maps are more accurate because they are made from photographs.

> (①) Thousands of years ago, people made maps when they went to new places. (②) They drew maps on the ground or on the walls of caves, which often had incorrect information. (③) These photographs are taken from airplanes or satellites. (④)

ADVICE ③ 「하지만 오늘날 지도는 사진을 기반으로 만들어지기 때문에 더 정확하다.」라는 문장은 문맥상 과거에 그려진 지도에는 종종 오류가 있었다는 내용에서 반전되므로 ③의 자리에 오는 것이 적절하다.

해 석 (①) 천 년 전, 사람들은 새로운 곳에 도착했을 때 지도를 만들었다. (②) 그들은 지도를 땅이나 동굴의 벽에 그렸는데, 종종 잘못된 정보가 있었다. (③) 이 사진들은 비행기나 인공위성에서 촬영된 것이다. (④)

단 어 nowadays 요즘에는, accurate 정확한, photograph 사진, incorrect 부정확한, satellite 위성

23 다음 글의 바로 뒤에 이어질 내용으로 가장 적절한 것은?

> Sometimes we hurt others' feelings, even if we don't mean to. When that happens, we need to apologize. Then, how do we properly apologize? Here are three things you should consider when you say that you are sorry.

① 규칙 준수의 중요성
② 대화를 시작하는 방법
③ 효과적인 암기 전략의 종류
④ 사과할 때 고려해야 할 것들

해 석 때때로 우리는 의도치 않았더라도 다른 사람의 감정을 상하게 한다. 그런 일이 일어났을 때 사과해야 한다. 그렇다면, 어떻게 제대로 사과할까? 여기 당신이 사과할 때 고려해야 할 세 가지가 있다.

단 어 apologize 사과하다, properly 제대로

｜24~25｜ 다음 글을 읽고 물음에 답하시오.

Many people have trouble falling asleep, thus not getting enough sleep. It can have ______________ effects on health like high blood pressure. You can prevent sleeping problems if you follow these rules. First, do not have drinks with caffeine at night. Second, try not to use your smartphone before going to bed. These will help you go to sleep easily.

24 윗글의 빈칸에 들어갈 말로 가장 적절한 것은?

① harmful　　　　　　　② helpful

③ positive　　　　　　　④ calming

> **ADVICE** ① harmful 해로운
> ② helpful 도움이 되는
> ③ positive 긍정적인
> ④ calming 침착한
>
> **해석** 많은 사람들이 잠에 드는 데 어려움을 겪어서 충분한 잠을 자지 못한다. 이것은 고혈압과 같이 건강에 <u>해로운</u> 영향을 줄 수 있다. 다음의 규칙들을 따르면 수면 문제를 막을 수 있다. 첫째, 밤에는 카페인이 있는 음료를 마시지 마라. 둘째, 자기 전에 스마트폰을 하지 않도록 노력해라. 이것들은 당신이 쉽게 잠드는 데 도움을 줄 것이다.
>
> **단어** fall asleep 잠들다, blood pressure 혈압, follow 따르다

25 윗글의 주제로 가장 적절한 것은?

① 스마트폰의 변천사

② 운동 부족의 위험성

③ 카페인 중독의 심각성

④ 수면 문제를 예방하는 방법

> **ADVICE** ④ 위의 글은 카페인이 든 음료를 마시지 않는 등 수면 문제를 예방할 수 있는 방법에 대해 설명하고 있다.

» **ANSWER** 22.③　23.④　24.①　25.④

2023년 제1회 기출문제

┃1~3┃ 다음 밑줄 친 부분의 뜻으로 가장 적절한 것을 고르시오.

1

> It is my <u>duty</u> to take out the trash at home on Sundays.

① 갈등   ② 노력

③ 의무   ④ 자유

    ADVICE ③ 일요일마다 집에서 쓰레기를 내놓는 것은 나의 <u>의무</u>이다.

2

> People need to <u>depend on</u> each other when working as a team.

① 찾다   ② 내리다

③ 의존하다   ④ 비난하다

    ADVICE ③ 팀으로 일할 때는 사람들이 서로에게 <u>의존</u>해야 한다.

3

> I have met a lot of nice people, <u>thanks to</u> you.

① 덕분에   ② 대신에

③ 불구하고   ④ 제외하고

    ADVICE ① 당신 <u>덕분에</u> 많은 좋은 사람들을 만났다.

    단 어 a lot of 많은

4 다음 밑줄 친 두 단어의 의미 관계와 다른 것은?

> A <u>polite</u> gesture in one country may be a <u>rude</u> one in another.

① smart − wise

② right − wrong

③ safe − dangerous

④ same − different

ADVICE 한 국가에서는 <u>예의 바른</u> 몸짓이 다른 국가에서는 <u>무례한</u> 것이 될 수도 있다.
  ① 밑줄 처진 두 단어는 반의 관계인 반면, smart는 '똑똑한'이라는 뜻이고 wise는 '현명한'이라는 뜻으로 비슷한 의미 관계이다.
  ② right(옳은) − wrong(그른)
  ③ safe(안전한) − dangerous(위험한)
  ④ same(같은) − different(다른)

5 다음 행사 광고문에서 언급되지 않은 것은?

> ### K−POP CONCERT 2023
>
> Eight World−famous K−Pop Groups Are Performing!
>
> Date : June 8th (Thursday), 2023
> Location : World Cup Stadium
> Time : 7:30p.m. − 9:30p.m.

① 날짜

② 장소

③ 시간

④ 입장료

ADVICE ④ 입장료에 대한 내용은 언급되어 있지 않다.

해 석 K−POP 콘서트 2023
세계적으로 유명한 K−Pop 그룹 8팀이 공연을 펼칩니다!
• 날짜 : 6월 8일(목요일), 2023
• 위치 : 월드컵 스타디움
• 시간 : 오후 7 : 30 − 오후 9 : 30

» ANSWER 1.③ 2.③ 3.① 4.① 5.④

┃6~8┃ 다음 빈칸에 공통으로 들어갈 말로 가장 적절한 것을 고르시오.

6

> • We had to ＿＿＿＿＿＿ up in order to get a better view.
> • I can't ＿＿＿＿＿＿ people who don't follow rules in public.

① fail ② begin
③ stand ④ remind

ADVICE ③ stand 일어서다, 참다
① fail 실패하다.
② begin 시작하다
④ remind 생각나게 하다

해석 • 더 잘 보기 위해 우리는 일어서야 했다.
• 공공장소에서 규칙을 따르지 않는 사람들을 참을 수 없다.

7

> • Jinsu, ＿＿＿＿＿＿ museum will you visit tomorrow?
> • A dictionary is a book ＿＿＿＿＿＿ has explanations of words.

① how ② which
③ when ④ where

ADVICE ② 첫 번째 문장에서 which는 의문사로 사용되어 '어떤' 박물관인지 물어보는 역할을 하였고, 두 번째 문장에서는 관계대명사로 사용되었다.

해석 • 진수, 너는 내일 어떤 박물관을 방문할 예정이니?
• 사전은 단어의 설명이 들어있는 책이다.

단어 museum 박물관, visit 방문하다, tomorrow 내일, dictionary 사전

8

> • My tastes are different ＿＿＿＿＿＿ yours.
> • English words come ＿＿＿＿＿＿ a wide variety of sources.

① for ② off
③ from ④ about

해석 • 나의 취향은 당신과 다르다
• 영어 단어는 매우 다양한 출처에서 온다.

단어 tastes 취향, different from ～와 다른, variety 다양성, sources 출처

9 다음 대화에서 밑줄 친 표현의 의미로 가장 적절한 것은?

> A : Look, Junho. I finally got an A on my math exam!
> B : You really did well on your exam. What's your secret?
> A : I've been studying math everyday, staying up late even on weekends.
> B : You are a good example of 'no pain, no gain.'

① 철이 뜨거울 때 내려쳐라.
② 수고 없이 얻는 것은 없다.
③ 시간은 화살처럼 빨리 지나간다.
④ 필요할 때 친구가 진정한 친구이다.

ADVICE ② 밑줄 친 표현은 '고통 없이 얻는 것도 없다'는 뜻으로 수고 없이는 얻는 것이 없다는 의미이다.

해 석 A : 준호야, 봐. 나 드디어 수학 시험에서 A를 받았어!
B : 정말 시험 잘 봤구나. 비결이 뭐야?
A : 매일 수학 공부를 했고, 주말에도 늦게까지 깨어 있었어.
B : 넌 '고통 없이는 얻는 것도 없다'는 말의 좋은 예시야.

단 어 secret 비결, 비밀, weekend 주말, example 예시

10 다음 대화에서 알 수 있는 B의 심정으로 가장 적절한 것은?

> A : It's raining cats and dogs.
> B : Raining cats and dogs? Can you tell me what it means?
> A : It means it's raining very heavily.
> B : Really? I'm interested in the origin of the expression.

① 불안　　　　　　　　　② 슬픔
③ 흥미　　　　　　　　　④ 실망

ADVICE ③ B는 표현의 유래를 궁금해하면서 흥미를 가지고 있다.

해 석 A : 고양이와 개들이 비처럼 내리네.
B : 고양이와 개들이 비처럼 내려? 그게 무슨 뜻인지 말해줄 수 있어?
A : 비가 아주 심하게 온다는 뜻이야.
B : 정말? 나는 그 표현의 유래가 궁금해.

ANSWER 6.③ 7.② 8.③ 9.② 10.③

11 다음 대화가 이루어지는 장소로 가장 적절한 것은?

> A : Good morning, how may I help you?
> B : Wow, it smells really good in here.
> A : Yes, the bread just came out of the oven.
> B : I'll take this freshly baked one.

① 제과점   ② 세탁소
③ 수영장   ④ 미용실

ADVICE ① 빵이 방금 오븐에서 나왔고, 갓 구운 빵을 사겠다는 내용을 보았을 때 대화가 이루어지는 장소는 제과점이다.

해 석 A : 안녕하세요, 무엇을 도와드릴까요?
B : 와, 여기 정말 좋은 냄새가 나네요.
A : 네, 빵이 방금 오븐에서 나왔거든요.
B : 이 갓 구운 빵을 사야겠어요.

단 어 come out 나오다, freshly 갓 ~ 한, bake 굽다, 구워지다

12 다음 글에서 밑줄 친 <u>It</u>이 가리키는 것으로 가장 적절한 것은?

> Smiling reduces stress and lowers blood pressure, contributing to our physical well-being. <u>It</u> also increases the amount of feel-good hormones in the same way that good exercise does. And most of all, a smile influences how other people relate to us.

① friend   ② smiling
③ country   ④ exercising

ADVICE ② It은 smiling(웃음)을 가리키고 있다.

해 석 웃음은 스트레스를 줄이고 혈압을 낮추어 우리의 신체적 건강에 기여한다. 또한 <u>웃음</u>은 좋은 운동을 하는 것처럼 기분 좋은 호르몬의 양을 증가시킨다. 무엇보다도 미소는 다른 사람들이 우리와 관계 맺는 방식에 영향을 준다.

단 어 reduce 줄이다, contributing to ~에 기여한다, in the same way that ~와 같은 방식으로, influences 영향을 준다, relate to ~와 관계 맺다

13

> A : Matt, ___________________?
> B : How about the N Seoul Tower? We can see the whole city from the tower.
> A : After that, let's walk along the Seoul City Wall.
> B : Perfect! Now, let's go explore Seoul.

① where shall we go first

② what do you do for a living

③ how often do you come here

④ why do you want to be an actor

ADVICE ① 어디를 먼저 갈까?
② 직업이 뭐야?
③ 여기에 얼마나 자주 와?
④ 왜 배우기 되고 싶어?

해석 A : 매트, 어디를 먼저 갈까?
B : 남산 서울타워는 어때? 타워에서 도시 전체를 볼 수 있어.
A : 다음엔 서울 성곽 길을 따라 걸어보자.
B : 완벽해! 이제 서울을 탐험하러 가자.

단어 walk along ~을 따라 걷다, explore 탐험하다, perfect 완벽한

14

> A : What should I do to make more friends?
> B : It's important to ___________________.

① get angry easily

② cancel your order now

③ check your reservation

④ be nice to people around you

ADVICE ④ 주변 사람들에게 잘해주다.
① 쉽게 화내다.
② 주문을 취소하다.
③ 예약을 확인하다.

해석 A : 친구를 더 많이 사귀려면 어떻게 해야 할까?
B : 주변 사람들에게 잘해주는 것이 중요해.

» ANSWER 11.① 12.② 13.① 14.④

15 다음 대화의 주제로 가장 적절한 것은?

> A : Can you share any shopping tips?
> B : Sure. First of all, always keep your budget in mind.
> A : That's a good point. What else?
> B : Also, don't buy things just because they're on sale.
> A : Thanks! Those are great tips.

① 현명하게 쇼핑하는 방법
② 일기를 써야 하는 이유
③ 건축 시 기둥의 중요성
④ 계단을 이용할 때의 장점

해석 A : 쇼핑 팁 좀 알려줄 수 있나요?
B : 물론입니다. 첫 번째로 항상 예산을 염두에 둬야 해요.
A : 좋은 지적입니다. 또 뭐가 있을까요?
B : 할인 중이라는 이유만으로 물건을 사지 마세요.
A : 고마워요! 아주 좋은 팁들이네요.

단어 first of all 우선, 첫째로, keep your budget in mind 예산을 염두에 두다, on sale 할인 중인, 세일 중인

16 다음 글을 쓴 목적으로 가장 적절한 것은?

> Many people have difficulty finding someone for advice. You may have some personal problems and don't want to talk to your parents or friends about them. Why don't you join our online support group? We are here to help you.

① 공지하려고
② 불평하려고
③ 거절하려고
④ 문의하려고

해석 많은 사람이 조언을 구할 사람을 찾는 데 어려움을 겪는다. 몇 가지 개인적인 문제가 있을 수 있고 부모님이나 친구들에게 말하고 싶지 않을 수 있다. 우리의 온라인 지원 그룹에 가입하는 것은 어떤가? 우리는 당신을 돕기 위해 여기 있다.

17 다음 기타 판매 광고문의 내용과 일치하지 않는 것은?

For Sale

Features : It's a guitar with six strings.

Condition : It's used but in good condition.

Price : $150 (original price : $350)

Contact : If you have any questions,
call me at 014-4365-8704.

① 줄이 여섯 개 있는 기타이다.

② 새것이라 완벽한 상태이다.

③ 150달러에 판매된다.

④ 전화로 문의 가능하다.

> **ADVICE** ② 사용감이 있는 상태라 적혀있다.

> **해 석** 판매합니다.
> • 특징 : 6개 줄이 있는 기타이다.
> • 상태 : 사용감이 있으나 좋은 상태이다.
> • 가격 : 150달러(원래 가격은 350달러)
> • 연락 : 만약 질문이 있다면 014-4365-8704로 연락주세요.

18 다음 Earth Hour campaign에 대한 설명과 일치하지 않는 것은?

> Why don't we join the Earth Hour campaign? It started in Sydney, Australia, in 2007. These days, more than 7,000 cities around the world are participating. Earth Hour takes place on the last Saturday of March. On that day people turn off the lights from 8:30p.m. to 9:30p.m.

① 호주 시드니에서 시작했다.

② 칠천 개 이상의 도시가 참여한다.

③ 3월 마지막 주 토요일에 열린다.

④ 사람들은 그날 하루 종일 전등을 끈다.

> **ADVICE** ④ 저녁 8시 30분부터 9시 30분까지 불을 끈다고 마지막 문장에 제시되어 있다.

> **해 석** 어스 아워(Earth Hour) 캠페인에 참여해보면 어때요? 이 캠페인은 2007년 호주 시드니에서 시작되었습니다. 요즘은 전 세계 7,000개 이상의 도시가 참여하고 있습니다. 어스 아워는 3월의 마지막 토요일에 열립니다. 그날 사람들은 저녁 8시 30분부터 9시 30분까지 불을 끕니다.

» ANSWER 15.① 16.② 17.② 18.④

19 다음 글의 주제로 가장 적절한 것은?

> Recent research shows how successful people spend time in the morning. They wake up early and enjoy some quiet time. They exercise regularly. In addition, they make a list of things they should do that day. Little habits can make a big difference towards being successful.

① 인간의 기본적인 욕구와 특성
② 운동 전 스트레칭이 중요한 이유
③ 합창에서 반드시 지켜야 할 규칙
④ 성공한 사람들의 아침 시간 활용 방법

> **해 석** 최근 연구는 성공한 사람들이 아침 시간을 어떻게 보내는지 보여준다. 그들은 일찍 일어나서 조용한 시간을 즐긴다. 규칙적으로 운동한다. 게다가 그날 해야 할 일들의 목록을 만든다. 작은 습관들이 성공으로 가는 큰 차이를 만들 수 있다.

> **단 어** started in ∼에서 시작되었다. take place 개최되다, 열리다

┃20~21┃ 다음 글의 빈칸에 들어갈 말로 가장 적절한 것을 고르시오.

20

> People who improve themselves try to understand what they did wrong, so they can do better the next time. The process of learning from mistakes makes them smarter. For them, every _______________ is a step towards getting better.

① love
② nation
③ village
④ mistake

> **ADVICE** ④ mistake 실수
> ① love 사랑
> ② nation 국가
> ③ village 마을

> **해 석** 스스로를 발전시키는 사람들은 다음에 더 잘하기 위해 무엇을 잘못했는지 이해하려고 노력한다. 실수로부터 배우는 과정은 그들을 더 똑똑하게 만든다. 그들에게 모든 <u>실수</u>는 더 나아지기 위한 한 걸음이다.

> **단 어** spend time 시간을 보내다. in addition 게다가

21

> I'd like to have a parrot as a __________. Let me tell you why. First, a parrot can repeat my words. If I say "Hello" to it, it will say "Hello" to me. Next, it has gorgeous, colorful feathers, so just looking at it will make me happy. Last, parrots live longer than most other animals kept at home.

① pet

② word

③ color

④ plant

ADVICE ① pet 반려동물
② word 단어
③ color 색상
④ plant 식물

해 석 나는 <u>반려동물</u>로 앵무새를 키우고 싶다. 그 이유를 말해 주겠다. 첫째, 앵무새는 내 말을 따라 할 수 있다. 내가 앵무새에게 "안녕"이라고 말하면, 앵무새도 나에게 "안녕"이라고 말할 것이다. 다음으로, 앵무새는 화려하고 색색의 깃털을 가지고 있어서, 보는 것만으로도 행복할 것이다. 마지막으로, 집에서 키우는 다른 대부분의 동물들보다 앵무새가 더 오래 산다.

단 어 parrot 앵무새, gorgeous 화려한, colorful 색색의, looking at ~을 보다.

22 글의 흐름으로 보아 다음 문장이 들어가기에 가장 적절한 곳은?

> However, despite its usefulness, plastic pollutes the environment severely.

Plastic is a very useful material. (①) Its usefulness comes from the fact that plastic is cheap, lightweight, and strong. (②) For example, plastic remains in landfills for hundreds or even thousands of years, resulting in soil pollution. (③) The best solution to this problem is to create eco – friendly alternatives to plastic. (④)

ADVICE ② 「그러나 그 유용성에도 불구하고 플라스틱은 환경을 심하게 오염시킨다.」라는 문장은 플라스틱의 단점을 예시로 든 문장 앞인 ②의 자리가 적절하다.

해 석 플라스틱은 매우 유용한 물질이다. (①) 플라스틱의 유용성은 플라스틱이 저렴하고, 가벼우며, 강하다는 사실에서 비롯된다. (②) 예를 들어, 플라스틱은 수백 년 또는 심지어 수천 년 동안 매립지에 남아 토양 오염을 초래한다. (③) 이 문제에 대한 최고의 해결책은 플라스틱을 대체할 친환경적인 대안을 만드는 것이다. (④)

단 어 useful material 유용한 물질, despite 불구하고, severely 심각하게, cheap 저렴한, lightweight 가벼운, strong 강한, landfill 쓰레기 매립지

23 다음 글의 바로 뒤에 이어질 내용으로 가장 적절한 것은?

Beans have been with us for thousands of years. They are easy to grow everywhere. More importantly, they are high in protein and low in fat. These factors make beans one of the world's greatest superfoods. Now, let's learn how beans are cooked in a variety of ways around the world.

① 콩 재배의 역사
② 콩의 수확 시기
③ 콩 섭취의 부작용
④ 콩의 다양한 요리법

해 석 콩은 수천 년 동안 우리와 함께해왔다. 콩은 어디서든 쉽게 자란다. 더 중요하게는, 단백질 함량이 높고 지방 함량이 낮다. 이러한 요소들은 콩을 세계 최고의 슈퍼 푸드 중 하나로 만든다. 이제, 전 세계적으로 콩이 어떻게 다양한 방식으로 요리되는지 알아보자.

▮24~25▮ 다음 글을 읽고 물음에 답하시오.

> Volunteering gives you a healthy mind. According to one survey, 96% of volunteers report feeling happier after doing it. If you help others in the community, you will feel better about yourself. It can also motivate you to live with more energy that can help you in your ordinary daily life. Therefore, you will have a more _________________ view of life.

24 윗글의 빈칸에 들어갈 말로 가장 적절한 것은?

① shy

② useless

③ unhappy

④ positive

> **ADVICE** ④ positive 긍정적인
> ① shy 부끄러운
> ② useless 쓸모없는
> ③ unhappy 불행한
>
> **해석** 자원봉사는 당신에게 건강한 마음을 준다. 한 설문조사에 따르면, 자원봉사자의 96%가 자원봉사를 한 후 더 행복하다고 느낀다고 나타났다. 만약 당신이 지역사회의 다른 사람들을 돕는다면, 당신 자신에 대해 더 좋게 느낄 것이다. 또한 그것은 당신의 평범한 일상생활에 도움이 될 수 있는 더 많은 에너지로 살아가도록 동기를 부여할 수 있다. 따라서 당신은 삶에 대해 더 긍정적인 시각을 갖게 될 것이다.
>
> **단어** according to ~ 에 의하면, volunteer 자원봉사자, 자원하다, community 지역사회, motivate 동기를 부여하다

25 윗글의 주제로 가장 적절한 것은?

① 외로움의 유용함

② 달 연구의 어려움

③ 자원봉사가 주는 이점

④ 온라인 수업 도구의 다양성

> **ADVICE** ③ 위의 글은 한 설문 조사를 소개하며 자원봉사가 주는 장점에 대해서 설명하는 글이다.

》 ANSWER 22.② 23.④ 24.④ 25.③

CHAPTER 06

2023년 제2회 기출문제

▌1~3▌ 다음 밑줄 친 부분의 뜻으로 가장 적절한 것을 고르시오.

1

> Reading books is a great way to gain <u>knowledge</u>.

① 균형 ② 목표

③ 우정 ④ 지식

   ADVICE ④ 책을 읽는 것은 <u>지식</u>을 얻는 좋은 방법이다.

2

> She is never going to <u>give up</u> her dream even if she meets difficulties.

① 서두르다 ② 자랑하다

③ 포기하다 ④ 화해하다

   ADVICE ③ 그녀는 어려움에 부딪히더라도 자신의 꿈을 결코 <u>포기하지</u> 않을 것이다.

   단 어 give up 포기하다, dream 꿈, even if ~일지라도

3

> Many animals like to play with toys. <u>For example</u>, dogs enjoy playing with balls.

① 갑자기 ② 반면에

③ 예를 들면 ④ 결론적으로

   ADVICE ③ 많은 동물들이 장난감을 가지고 노는 것을 좋아한다. <u>예를 들어</u>, 개들은 공을 가지고 노는 것을 즐긴다.

4 다음 밑줄 친 두 단어의 의미 관계와 다른 것은?

> <u>Spring</u> is my favorite <u>season</u> because of the beautiful flowers and warm weather.

① apple − fruit
② nurse − job
③ triangle − shape
④ shoulder − country

ADVICE 봄은 아름다운 꽃과 따뜻한 날씨 때문에 내가 가장 좋아하는 계절이다.
④ 밑줄 쳐진 두 단어는 상위·하위 관계인 반면, shoulder는 '어깨'라는 뜻이고 country는 '국가'라는 뜻으로 전혀 연관성이 없는 단어이다.
① apple(사과) − fruit(과일)
② nurse(간호사) − job(직업)
③ triangle(삼각형) − shape(도형)

5 다음 광고문에서 언급되지 않은 것은?

> Cheese Fair
>
> • Date : September 10th (Sunday), 2023
> • Activities :
>   − Tasting various kinds of cheese
>   − Baking cheese cakes
> • Entrance Fee : 10,000won

① 날짜
② 장소
③ 활동 내용
④ 입장료

ADVICE ② 장소에 대한 내용은 언급되어 있지 않다.

해석 치즈 박람회
• 날짜 : 11월 10일(일요일) 2023
• 활동
−다양한 종류의 치즈를 맛보기
−치즈케이크 굽기
• 입장료 : 10,000원

» **ANSWER** 1.④ 2.③ 3.③ 4.④ 5.②

6

> • Are you ready to ______________ your project to the class?
> • Stop worrying about the past and live in the ______________.

① grow

② lose

③ forget

④ present

ADVICE ④ present 발표하다, 현재
① grow 성장하다
② lose 패배하다
③ forget 잊다

해 석 • 학급에서 프로젝트를 발표할 준비가 되었나요?
• 과거에 대해 걱정하는 것을 멈추고 현재를 살아라.

단 어 ready to ~할 준비가 된, project 프로젝트, class 학급, past 과거

7

> • John, ______________ many countries are there in Asia?
> • He doesn't know ______________ far it is from here.

① how

② when

③ where

④ which

ADVICE ① 첫 번째 문장에서 how는 many와 같이 쓰여 '얼마나 많이'라는 의미로 나라의 수를 묻는 의문사이다. 두 번째 문장의 how는 far와 함께 쓰여 거리가 얼마나 먼지에 대한 것을 의미하는 간접 의문문의 역할을 한다.

해 석 • 존, 아시아에 몇 개의 나라가 있나요?
• 그는 여기서 얼마나 먼지 모른다.

8

> • He needs to focus ______________ studying instead of playing games.
> • Bring a jacket which is easy to put ______________ and take off.

① as

② of

③ on

④ like

해 석 • 그는 게임을 하는 대신 공부에 집중할 필요가 있다.
• 입고 벗기 쉬운 재킷을 가져와라.

단 어 focus on ~에 집중하다, put on 입다, 착용하다

9 다음 대화에서 밑줄 친 표현의 의미로 가장 적절한 것은?

> A : How would you describe your personality, Sumi?
> B : I tend to be cautious. I try to follow the saying, "<u>Look before you leap.</u>"
> A : Oh, you think carefully before you do something.

① 많으면 많을수록 좋다.
② 남이 가진 것이 더 좋아 보인다.
③ 행동하기 전에 신중하게 생각해라.
④ 오늘 할 일을 내일로 미루지 마라.

> **ADVICE** ③ 밑줄 친 표현은 '뛰기 전에 살펴라'는 말로 행동하기 전에 신중하게 생각하라는 의미이다.
>
> **해석** A : 수미야, 네 성격을 어떻게 설명할 수 있겠니?
> B : 나는 신중한 편이야. 나는 "뛰기 전에 살펴라"는 속담을 따르려고 노력해.
> A : 아, 너는 무언가를 하기 전에 신중하게 생각하는구나.

10 다음 대화에서 알 수 있는 A의 심정으로 가장 적절한 것은?

> A : I'd like to return these headphones.
> B : Why? Is there a problem?
> A : I'm not satisfied with the sound. It's not loud enough.

① 감사   ② 불만
③ 안도   ④ 행복

> **ADVICE** ② A는 헤드폰의 소리가 충분히 크기 않아서 불만이다.
>
> **해석** A : 헤드폰을 반품하고 싶어요.
> B : 왜요? 문제가 있나요?
> A : 음질이 마음에 들지 않아요. 소리가 충분히 크지 않아요.

> ▶ **ANSWER** 6.④ 7.① 8.③ 9.③ 10.②

11 다음 대화가 이루어지는 장소로 가장 적절한 것은?

> A : There are so many people in this restaurant!
> B : Right. This place is well known for its pizza.
> A : Yeah. Let's order some.

① 식당 ② 은행
③ 문구점 ④ 소방서

ADVICE ① A와 B는 피자를 주문하자는 대화를 나누고 있으므로 대화가 이루어지는 장소는 식당이다.

해 석 A : 이 레스토랑에는 사람이 정말 많네요!
B : 맞아요. 이곳은 피자가 유명해요.
A : 그렇네요. 피자를 주문하죠.

12 다음 글에서 밑줄 친 <u>it</u>이 가리키는 것으로 가장 적절한 것은?

> These days I'm reading a book, Greek and Roman Myths. The book is so interesting and encourages imagination. Moreover, <u>it</u> gives me more understanding about western arts because the myths are a source of western culture.

① book ② pencil
③ language ④ password

ADVICE ① 여기서 It은 book(책)을 가리키며 설명하고 있다.

해 석 요즘 저는 그리스 로마 신화라는 책을 읽고 있습니다. 그 책은 정말 흥미롭고 상상력을 자극합니다. 게다가 책은 서양 문화에 대한 이해를 더 깊게 해주는데, 그 이유는 신화가 서양 문화의 근원이기 때문입니다.

단 어 myth 신화, encourage 부추기다, imagination 상상력, Moreover 게다가

13

> A : _________________________, cycling or walking?
> B : I like cycling rather than walking.
> A : Why do you like it?
> B : Because I think cycling burns more calories.

① Where can I rent a car
② When does the show start
③ Why do you want to learn English
④ Which type of exercise do you prefer

ADVICE ④ 어떤 운동을 더 좋아하시나요.
① 어디에서 차를 빌릴 수 있나요.
② 그 공연은 언제 시작하나요.
③ 왜 영어를 배우고 싶은 건가요.

해 석 A : 어떤 운동을 더 좋아하시나요, 자전거 타기 아니면 걷기?
B : 저는 걷기보다 자전거 타기를 더 좋아해요.
A : 왜 자전거 타기를 더 좋아하나요?
B : 자전거 타기가 칼로리를 더 소모한다고 생각하거든요.

14

> A : How can we show respect to others?
> B : I believe we should _________________________.
> A : That's why you are a good listener.

① watch a movie
② exchange this bag
③ turn left at the next street
④ listen carefully when others speak

ADVICE ④ 다른 사람이 말할 때 주의 깊게 들으세요.
① 영화를 보세요.
② 이 가방을 교환해주세요.
③ 다음 거리에서 왼쪽으로 도세요.

해 석 A : 어떻게 다른 사람들에게 존중을 보일 수 있을까요?
B : 다른 사람이 말할 때 주의 깊게 들어야 한다고 믿어요.
A : 그게 당신이 좋은 청자인 이유군요.

≫ ANSWER 11.① 12.① 13.④ 14.④

15 다음 대화의 주제로 가장 적절한 것은?

> A : Whenever I see koalas in trees, I wonder why they hug trees like that.
> B : Koalas hug trees to cool themselves down.
> A : Oh, that makes sense. Australia has a very hot climate.

① 코알라의 사회성
② 코알라 연구의 어려움
③ 코알라가 나무를 껴안고 있는 이유
④ 코알라처럼 나뭇잎을 먹는 동물들의 종류

> **ADVICE** A : 나무에 있는 코알라들을 볼 때마다, 왜 저렇게 나무를 안고 있는지 궁금해요.
> B : 코알라들은 몸을 식히기 위해서 나무를 껴안아요.
> A : 아, 그렇군요. 호주는 날씨가 매우 덥잖아요.

16 다음 글을 쓴 목적으로 가장 적절한 것은?

> I'm writing this e-mail to confirm my reservation. I booked a family room at your hotel for two nights. We're two adults and one child. We will arrive in the afternoon on December 22nd. I look forward to your reply.

① 확인하려고
② 안내하려고
③ 소개하려고
④ 홍보하려고

> **해 석** 제 예약을 확인하기 위해서 메일을 작성합니다. 저는 호텔 패밀리 룸을 2박 예약했습니다. 우리는 성인 둘과 어린이 한 명입니다. 12월 22일 오후에 도착할 예정입니다. 답변 기다리겠습니다.
>
> **단 어** confirm 확인하다, reservation 예약, reply답장

17 다음 경기 안내문의 내용과 일치 하지 않는 것은?

Tennis Competition

- Only beginners can participate.
- We will start at 10:00a.m. and finish at 5:00p.m.
- Lunch will not be served.
- If it rains, the competition will be canceled.

---

① 초보자만 참여 할 수 있다.
② 오전 10시에 시작해서 오후 5시에 끝난다.
③ 점심은 제공되지 않는다.
④ 비가 와도 경기는 진행된다.

ADVICE ④ 비가 오면 대회는 취소된다고 명시되어 있다.

해 석 테니스 대회
- 초보자만 참가할 수 있습니다.
- 오전 10시에 시작하고 오후 5시에 끝납니다.
- 점심은 제공되지 않습니다.
- 비가 오면, 대회는 취소됩니다.

18 다음 Santa Fun Run에 대한 설명과 일치하지 않는 것은?

The Santa Fun Run is held every December. Participants wear Santa costumes and run 5km. They run to raise money for sick children. You can see Santas of all ages walking and running around.

---

① 매년 12월에 열린다.
② 참가자들은 산타 복장을 입는다.
③ 멸종 위기 동물을 돕기 위해 모금을 한다.
④ 모든 연령대의 산타를 볼 수 있다.

ADVICE ③ 모금을 하는 이유는 멸종 위기 동물이 아니라 아픈 아이들을 돕기 위함이다.

해 석 The Santa Fun Run은 매년 12월에 열린다. 참가자들은 산타 복장을 입고 5km를 달린다. 그들은 아픈 아이들을 위한 돈을 모금하기 위해 달린다. 당신은 모든 연령대의 산타들이 걷고 달리는 모습을 볼 수 있다.

단 어 participant 참가자, costume 의상, raise money 모금하다

» ANSWER 15.③ 16.① 17.④ 18.③

19 다음 글의 주제로 가장 적절한 것은?

> Do you suffer from feelings of loneliness? In such cases, it may be helpful to share your feelings with a parent, a teacher or a counselor. It is also important for you to take positive actions to overcome your negative feelings.

① 인터넷의 역할
② 여름 피서지 추천
③ 외로움에 대처하는 방법
④ 청소년의 다양한 취미 활동 소개

해 석 외로움을 느끼는가? 이 경우, 부모님, 선생님 혹은 상담사와 감정을 나누는 것이 도움이 될 수 있다. 또한 부정적인 감정을 극복하기 위해 긍정적인 행동을 취하는 것도 중요하다.

단 어 loneliness 외로움, counselor 상담사, positive 긍정적인, negative 부정적인

┃20~21┃ 다음 글의 빈칸에 들어갈 말로 가장 적절한 것을 고르시오.

20

> For most people, the best ___________ for sleeping is on your back. If you sleep on your back, you will have less neck and back pain. That's because your neck and spine will be straight when you are sleeping.

① letter
② position
③ emotion
④ population

ADVICE ② position 자세
① letter 편지
③ emotion 감정
④ population 인구

해 석 대부분의 사람들에게 수면을 위한 가장 좋은 자세는 등을 대는 것이다. 등을 대고 자면 목과 등의 통증이 덜 할 것이다. 이는 당신이 잠을 자는 동안 목과 척추가 똑바로 펴지기 때문이다.

21

> Here are several steps to _________ your problems. First, you need to find various solutions by gathering all the necessary information. Second, choose the best possible solution and then put it into action. At the end, evaluate the result. I'm sure these steps will help you.

① solve

② dance

③ donate

④ promise

ADVICE　① solve 해결하다
② dance 춤추다
③ donate 기부하다
④ promise 약속하다

해 석　여기 문제를 <u>해결하기</u> 위한 몇 가지 단계가 있다. 첫째, 모든 필요한 정보를 모아서 다양한 해답을 찾아야 한다. 둘째, 가장 가능성 있는 해결책을 고르고 행동에 들어가야 한다. 마지막으로, 결과를 평가한다. 분명 이 단계들이 당신에게 도움이 될 거라고 확신한다.

단 어　various 다양한, necessary 필요한, evaluate 평가하다, put into ~에 들어가다

22 글의 흐름으로 보아 다음 문장이 들어가기에 가장 적절한 곳은?

> Instead, we start with a casual conversation about less serious things like the weather or traffic.

> When you first meet someone, how do you start a conversation? (①) We don't usually tell each other our life stories at the beginning. (②) This casual conversation is referred to as small talk. (③) It helps us feel comfortable and get to know each other better. (④) It's a good way to break the ice.

ADVICE　② 「대신에, 우리는 날씨나 교통 같은 덜 진지한 것에 관해 가벼운 대화를 시작한다.」라는 문장은 스몰 토크의 예시를 설명하는 문장이므로 ②가 적절하다.

해 석　누군가를 처음 만났을 때 어떻게 대화를 시작하는가? (①) 우리는 보통 처음에 서로의 인생 이야기를 하지 않는다. (②) 이러한 가벼운 대화를 '스몰 토크'라고 부른다. (③) 스몰 토크는 서로를 편안하게 느끼고 더 잘 알 수 있도록 도와준다. (④) 그것은 어색함을 깨는 좋은 방법이다.

단 어　conversation 대화, refer to 지칭하다, comfortable 편안한

》 ANSWER　19.③　20.②　21.①　22.②

23 다음 글의 바로 뒤에 이어질 내용으로 가장 적절한 것은?

> English proverbs may seem strange to non-native speakers and can be very hard for them to learn and remember. One strategy for remembering English proverbs more easily is to learn about their origins. Let's look at some examples.

① 꽃말의 어원에 관한 예시
② 영어 속담의 기원에 관한 예시
③ 긍정적인 마음가짐에 대한 예시
④ 친환경적인 생활 습관에 대한 예시

해석 영어 속담은 모국어가 아닌 사람들에게 이상하게 보일 수 있고, 배우고 기억하기 매우 어려울 수도 있다. 영어 속담을 더 쉽게 기억하기 위한 한 가지 전략은 그것에 관한 기원을 배우는 것이다. 몇 가지 예를 살펴보자.

단어 proverb 속담, non-native 모국어 사용자가 아닌, origin 기원

|24~25| 다음 글을 읽고 물음에 답하시오.

> A book review is a reader's opinion about a book. When you write a review, begin with a brief summary or description of the book. Then state your ＿＿＿＿＿＿＿ of it, whether you liked it or not and why.

24 윗글의 빈칸에 들어갈 말로 가장 적절한 것은?

① flight   ② opinion
③ gesture   ④ architecture

ADVICE ② opinion 의견
① flight 비행
③ gesture 몸짓
④ architecture 건축학

해석 서평은 책에 대한 독자의 의견이다. 서평을 쓸 때는 책의 간단한 요약이나 설명으로 시작한다. 그런 다음 책이 좋았는지 혹은 아닌지와 이유를 포함해 의견을 말해라.

25 윗글의 주제로 가장 적절한 것은?

① 외로움의 유용함

② 달 연구의 어려움

③ 자원봉사가 주는 이점

④ 온라인 수업 도구의 다양성

ADVICE ④ 위 글은 서평이 무엇인지 말하며, 서평을 어떻게 쓰는지 설명하고 있다.

CHAPTER 07

2024년 제1회 기출문제

┃1~3┃ 다음 밑줄 친 부분의 뜻으로 가장 적절한 것을 고르시오

1

> I will call the restaurant and make a <u>reservation</u>.

① 변경　　　　　　　　　　　② 예약

③ 취소　　　　　　　　　　　④ 칭찬

ADVICE ② 제가 식당에 전화해서 <u>예약하겠습니다.</u>

단 어 make a reservation 예약하다

2

> You need to <u>keep in mind</u>, "Slow and steady wins the race."

① 명심하다　　　　　　　　　② 사용하다

③ 정돈하다　　　　　　　　　④ 참여하다

ADVICE ① "느리고 꾸준한 것이 경주에서 이긴다."를 <u>명심해야</u> 한다.

3

> Do not use your cellphone <u>while</u> you are driving.

① 대신에　　　　　　　　　　② 동안에

③ 만약에　　　　　　　　　　④ 처음에

ADVICE ② 운전하는 <u>동안에</u> 휴대전화를 사용하지 마세요.

4 다음 밑줄 친 두 단어의 의미 관계와 다른 것은?

> It's <u>easy</u> to say you'll do something, but <u>difficult</u> to actually do it.

① heavy − light
② noisy − silent
③ painful − painless
④ rapid − quick

ADVICE 무언가를 하겠다고 말하기는 <u>쉽지만</u> 실제로 행하기는 <u>어렵다</u>.
　④ 밑줄 처진 두 단어는 반의 관계인 반면, rapid는 '빠른'이라는 뜻이고 quick 역시 '빠른'이라는 뜻으로 동일한 의미의 관계이다.
　① heavy (무거운) − light (가벼운)
　② noisy는 (시끄러운) − silent (조용한)
　③ painful (고통스러운) − painless (고통 없는)

5 다음 콘서트 안내문에서 언급되지 않은 것은?

> Fundraising Concert
>
> • When : April 17th, 6 − 9p.m.
> • Where : Lobby of Children's Hospital
> • Light snacks will be offered.
> All funds will be donated to Children's Hospital.

① 날짜
② 장소
③ 출연진
④ 기금 용도

ADVICE ③ 콘서트 출연진에 관한 내용은 언급되지 않았다.

해석 모금 콘서트
　• 일시 : 4월 17일 6 − 9p.m
　• 장소 : 환아병동 로비
　• 간식이 제공될 것입니다.
　모든 모금액은 환아병동에 기부될 것입니다.

» ANSWER 1.② 2.① 3.② 4.④ 5.③

6

> • Could you ______________ my bag for me?
> • My school will ______________ a music festival next month.

① hold
② like
③ meet
④ walk

ADVICE ① hold 잡다, 들다, 개최하다.
② like 좋아하다.
③ meet 만나다.
④ walk 걷다.

해석 • 제 가방 좀 들어주시겠어요?
• 학교는 다음 달에 음악 축제를 개최할 예정이다.

7

> • I don't know ______________ he is honest or not.
> • You will miss the bus ______________ you don't leave now.

① if
② that
③ what
④ which

ADVICE ① 첫 번째 문장에서 if는 ~ 인지 아닌지라는 의미로 사용되었고 두 번째 문장에서는 만약 ~ 면 이라는 의미로 사용되었다.

해석 • 나는 그가 정직한지 아닌지 모르겠다.
• 네가 지금 가지 않는다면 버스를 놓칠 거야.

8

> • About 60 to 70% of your body consists ______________ water.
> • The garden is full ______________ beautiful flowers.

① for
② in
③ of
④ to

해석 • 우리 몸의 약 60 ~ 70%는 물로 이루어져 있다.
• 정원은 아름다운 꽃들로 가득하다.

단어 consist of ~로 이루어져 있다. full of ~로 가득한

9 다음 대화에서 밑줄 친 표현의 의미로 가장 적절한 것은?

> A : I'm having a hard time right now.
> B : Don't worry. I'm here for you, no matter what.
> A : Thank you. Your support means everything to me.
> B : Anytime. <u>A friend in need is a friend indeed.</u>

① 진정한 배움에는 지름길이 없다.

② 몸이 건강해야 마음도 건강하다.

③ 필요할 때 있는 친구가 진정한 친구다.

④ 사귀는 친구를 보면 그 사람을 알 수 있다.

> **ADVICE** ③ 밑줄 친 표현은 '어려울 때 돕는 친구가 진정한 친구'라는 뜻으로 필요할 때 있는 친구가 진정한 친구라는 의미에 해당한다.
>
> **해 석** A : 저 요즘 힘든 시간을 보내고 있어요.
> B : 걱정 마세요. 무슨 일이 있어도 제가 여기 있어요.
> A : 고마워요. 당신의 지지가 저에게는 정말 큰 의미예요.
> B : 언제든지요. <u>어려울 때 돕는 친구가 진정한 친구죠.</u>
>
> **단 어** worry 걱정하다, anytime 언제든지

10 다음 대화에서 알 수 있는 B의 심정으로 가장 적절한 것은?

> A : I've been waiting for 30 minutes. What happened?
> B : Sorry, but I thought we were meeting at 2 o'clock.
> A : No, that's the time the baseball game starts, so we were supposed to meet 30 minutes earlier.
> B : Oh, I totally forgot. I'm sorry for keeping you waiting.

① 미안하다   ② 안심하다

③ 지루하다   ④ 행복하다

> **ADVICE** ① B는 약속시간에 늦게 도착한 것으로 A에게 미안한 심정을 가지고 있다.
>
> **해 석** A : 30분 동안 기다리고 있었어요. 무슨 일이에요?
> B : 죄송해요. 2시에 만나기로 한 줄 알았어요.
> A : 아니요, 그 시간은 야구 경기가 시작하는 시간이라서 30분 더 일찍 만나기로 했어요.
> B : 아, 제가 완전히 잊고 있었네요. 기다리게 해서 죄송해요.
>
> **단 어** be supposed to ~하기로 되어 있다, earlier 더 일찍

> ANSWER   6.①   7.①   8.③   9.③   10.①

11 다음 대화가 이루어지는 장소로 가장 적절한 것은?

> A : Did you get our tickets? Where are our seats?
> B : Let me see. J11 and J12.
> A : Great. Let's buy some snacks before we go in.
> B : That sounds good.

① 병원   ② 약국

③ 은행   ④ 영화관

ADVICE ④ 티켓으로 좌석을 확인하고 있으므로, 대화가 이루어지는 장소는 영화관이다.

해 석 A: 우리 티켓은 샀나요? 우리 자리가 어디죠?
B: 어디 보자. J11과 J12입니다.
A: 좋아요. 들어가기 전에 간식 좀 사요.
B: 좋은 생각이네요.

단 어 get tickets 티켓을 사다. go in 들어가다

12 다음 글에서 밑줄 친 <u>them</u>이 가리키는 것으로 가장 적절한 것은?

> Studies have shown that flowers have positive effects on our moods. Participants reported feeling less depressed and anxious after receiving <u>them</u>. In addition, they showed a higher sense of enjoyment and overall satisfaction.

① flowers   ② moods

③ participants   ④ studies

ADVICE ① them은 flowers(꽃)를 가리키고 있다.

해 석 연구에 따르면 꽃은 우리의 기분에 긍정적인 영향을 미치는 것으로 나타났다. 참가자들은 꽃을 받은 후 우울함과 불안감을 덜 느꼈다고 보고했다. 또한, 그들은 더 높은 즐거움과 전반적인 만족감을 보였다.

단 어 study 연구. participant 참가자. depressed 우울한. anxious 불안한. in addition 게다가. 또한. sense of enjoyment 즐거움

13

A : The speech contest is tomorrow. I have cold feet.
B : Sorry, ___________________________?
A : I have cold feet. I'm nervous about tomorrow.
B : Oh, I see. Don't worry. I'm sure that you will do well.

① how would you like it

② would you say that again

③ what is the weather like today

④ where should I go for the contest

ADVICE ② 다시 말씀해 주시겠어요?
① (음식, 서비스 등에 대해) 어떻게 해 드릴까요?
③ 오늘 날씨가 어떤가요?
④ 대회에 어디로 가야 하나요?

해 석 A : 내일이 말하기 대회네요. 너무 긴장돼요.
B : 죄송하지만, 다시 말씀해 주시겠어요?
A : 너무 긴장돼요. 내일이 걱정돼요.
B : 오, 그렇군요. 걱정 마세요. 분명 잘 해내실 거예요.

단 어 speech contest 말하기 대회, have cold feet 긴장하다, 겁먹다, nervous 긴장한, 불안한, sure 확신하는

14

A : What do you like most about Korea?
B : ___________________________.

① That is what lots of people think

② That's because I prefer tea to coffee

③ I like the food delivery service most

④ I'm not satisfied with the monitor you chose

ADVICE ③ 저는 음식 배달 서비스가 가장 마음에 들어요.
① 많은 사람들이 생각하는 것입니다.
② 제가 커피보다 차를 더 좋아하기 때문입니다.
④ 당신이 고른 모니터에 만족하지 않아요.

해 석 A : 한국에서 가장 마음에 드는 것이 무엇인가요?
B : 저는 음식 배달 서비스가 가장 마음에 들어요.

≫ **ANSWER** 11.④ 12.① 13.② 14.③

15 다음 대화의 주제로 가장 적절한 것은?

> A : My lower back hurts a lot these days.
> B : I think you should do something before it gets worse.
> A : Do you have any tips to reduce the pain?
> B : Well, sit in a chair, not on the floor. And try to walk and stretch gently often.

① 의자를 고르는 방법
② 바닥을 청소하는 방법
③ 바른 자세로 걷는 방법
④ 허리 통증을 줄이는 방법

해 석 A : 요즘 허리가 많이 아파요.
B : 더 나빠지기 전에 뭔가 하셔야 할 것 같아요.
A : 통증을 줄일 수 있는 팁이 있나요?
B : 음, 바닥에 앉지 마시고 의자에 앉으세요. 그리고 자주 걷고 부드럽게 스트레칭을 해 보세요.

단 어 lower back 허리, these days 요즘, 최근에, get worse 더 나빠지다, reduce 줄이다, pain 통증, gently 부드럽게, often 자주

16 다음 글을 쓴 목적으로 가장 적절한 것은?

> I'm worried about not having confidence in myself. My friends always seem to know what they're doing, but I'm never sure I'm doing the right thing. I want to build my confidence. I wonder whether you could give me some solutions to my problem. I hope you can help.

① 책을 추천하려고
② 방송을 홍보하려고
③ 조언을 구하려고
④ 초대를 수락하려고

해 석 스스로에게 자신감이 없어서 걱정입니다. 저의 친구들은 항상 자신이 무엇을 하는지 아는 것처럼 보이는데 저는 옳은 일을 하고 있는지 확신이 없습니다. 자신감을 키우고 싶습니다. 제 문제에 대한 해결책을 몇 가지 주실 수 있을지 궁금합니다. 도와주시면 좋겠습니다.

단 어 worried 걱정하는, confidence 자신감, seem to ~인 것처럼 보이다, build my confidence 자신감을 키우다

17 다음 배드민턴장에 대한 안내문의 내용과 일치하지 않는 것은?

Central Badminton Center

Open Times :
 • Monday to Friday, 10a.m. to 9p.m.
We provide :
 • lessons for beginners only
 • free parking for up to 4 hours a day

Proper shoes and clothes are required.

① 평일 오전 10시부터 오후 9시까지 운영한다.
② 상급자를 위한 수업이 준비되어 있다.
③ 하루 4시간까지 무료 주차가 가능하다.
④ 적절한 신발과 옷이 필요하다.

ADVICE ② 상급자가 아닌 초급자를 위한 레슨이다.

해 석 중앙 배드민턴 센터
 • 개장 시간 : 월요일에서 금요일 오전 10시부터 오후9시
 • 제공되는 것
 −오직 초보자를 위한 레슨
 −하루 4시간 무료주차
 적절한 신발과 옷이 필요합니다.

» **ANSWER** 15.④ 16.③ 17.②

18 다음 rice에 대한 설명과 일치하지 않는 것은?

> Rice is one of the major crops in the world. Since its introduction and cultivation, rice has been the main food for most Asians. In fact, Asian countries produce and consume the most rice worldwide. These days, countries in Africa have also increased their rice consumption.

① 세계의 주요 작물 중 하나이다.
② 대부분의 아시아 사람들의 주식이다.
③ 아시아 국가에서 가장 많이 생산한다.
④ 아프리카 국가에서 소비가 감소하고 있다.

ADVICE ④ 아프리카 국가의 소비는 증가하고 있다고 마지막 문장에서 설명하고 있다.

해 석 쌀은 세계의 주요 작물 중 하나이다. 쌀이 도입되고 경작된 이후에 쌀은 대부분의 아시아인들에게 주식이 되었다. 실제로, 아시아 국가들은 전 세계에서 가장 많은 쌀을 생산하고 소비한다. 최근에는 아프리카 국가들도 쌀 소비량을 늘렸다.

단 어 major crops 주요 작물, introduction 도입, cultivation 경작, main food 주식, consume 소비하다, worldwide 전 세계적으로

19 다음 글의 주제로 가장 적절한 것은?

> When you go abroad, you may find yourself in a place where the people, language, and customs are different from your own. Learning about cultural differences can be a useful experience. It can help you understand the local people better. It could also help you understand yourself and your own culture more.

① 사람들과 소통하는 방법
② 지역 문화 보존의 필요성
③ 해외여행을 할 때 주의할 점
④ 문화적 차이를 배우는 것의 유용성

해 석 해외에 나갈 때, 당신은 사람들, 언어, 풍습이 당신 스스로의 것과는 다른 곳에 있다는 것을 발견할지도 모른다. 문화적 차이에 대해 배우는 것은 유용한 경험이다. 이는 현지인들을 더 잘 이해하는 데 도움이 될 수 있다. 또한 자신과 자신의 문화에 대해 더 잘 이해하는 데 도움이 될 수도 있다.

단 어 abroad 해외에, customs 풍습, 관습, cultural differences 문화적 차이, understand 이해하다, local people 현지인

20

> Eating dinner lasts a long time in France because it is meant to be enjoyed with family and friends. French people don't _______________ this process. Trying to finish dinner quickly can be interpreted as a sign of being impolite.

① enjoy
② rush
③ serve
④ warn

ADVICE ② rush 서두르다
① enjoy 즐기다
③ serve 도와주다
④ warn 경고하다

해 석 프랑스에서는 저녁 식사가 가족이나 친구들과 함께 즐기는 시간이기 때문에 길게 지속된다. 프랑스인들은 이 과정을 <u>서두르지</u> 않는다. 저녁 식사를 빨리 끝내려고 하는 것은 무례하다는 표시로 해석될 수 있다.

단 어 lsat 지속되다, 마지막, process 과정, interpreted as ~로 해석되다, impolite 무례한

21

> In life, it's important to take _________ for any choices that you make. If the result of your choice isn't what you wanted, don't blame others for it. Being in charge of your choices will help you learn from the results.

① conflict
② desire
③ help
④ responsibility

ADVICE ④ responsibility 책임감
① conflict 갈등
② desire 욕망, 욕구
③ help 도움

해 석 살면서 당신이 하는 모든 선택에 대해 <u>책임감</u>을 갖는 것이 중요하다. 만약 당신이 한 선택의 결과가 원했던 것이 아니더라도, 다른 사람들을 탓하지 마라. 당신의 선택에 책임지는 것은 그 결과로부터 배우는 데 도움이 될 것이다.

단 어 take responsibility for ~에 대해 책임감을 갖다, choice 선택, result 결과, blame 탓하다, 비난하다, in charge of ~에 책임이 있는, learn from ~로부터 배우다

» ANSWER 18.④ 19.④ 20.② 21.④

22 글의 흐름으로 보아 다음 문장이 들어가기에 가장 적절한 곳은?

> On the other hand, there is a big advantage to it.

Taking online classes can be good and bad. (①) If you take classes online, you may worry about the lack of face - to - face communication. (②) Taking courses online makes it difficult to create strong relationships with your teachers and classmates. (③) You are free to take online classes anywhere, anytime. (④) By simply turning on your computer, you can start studying.

ADVICE ③ 「반면에, 여기에는 큰 장점도 있다.」라는 문장은 온라인 수업의 장점을 설명하는 문장 앞에 와야 한다. 따라서 적절한 자리는 ③이다.

해석 온라인 수업은 좋을 수도 있고 나쁠 수도 있다. (①) 온라인으로 수업을 들으면 직접 대면하는 소통의 부족에 대해 걱정할 수 있다. (②) 온라인으로 강의를 수강하는 것은 교사 및 학우들과의 끈끈한 관계를 형성하는 것을 어렵게 만든다. (③) 언제 어디서든 자유롭게 온라인 강의를 들을 수 있는 것이다. (④) 단순히 컴퓨터를 켜는 것만으로도 공부를 시작할 수 있다.

단어 On the other hand 반면에, lack of ~의 부족, advantage 장점, anywhere 어디든지

23 다음 글의 바로 뒤에 이어질 내용으로 가장 적절한 것은?

Walking dogs is a common activity in the park. But with more people doing this, problems are arising in the park. To avoid these issues, please follow these guidelines when you walk your dog.

① 반려견을 키우면 좋은 점
② 반려견 산책 시 지켜야 할 사항
③ 반려견 관련 산업의 발전 가능성
④ 반려견이 아이들 정서에 미치는 영향

해석 개를 산책시키는 것은 공원에서 흔한 활동이다. 그러나 이 활동을 하는 사람들이 많아지면서 공원에서 문제가 발생하고 있다. 문제들을 피하기 위해서 개를 산책시킬 때 다음의 지침들을 따라주기를 바란다.

단어 avoid 피하다, walk your dog 개를 산책시키다

Have you noticed that shoes and socks are displayed together? They are items strategically placed with each other. Once you've already decided to buy a pair of shoes, why not buy a pair of socks, too? Remember that the placement of items in a store is not________. It seems that arranging items gives suggestions to customers, in a way that is not obvious, while they shop.

24 윗글의 빈칸에 들어갈 말로 가장 적절한 것은?

① accurate ② enough

③ positive ④ random

ADVICE ④ random 무작위의
① accurate 정확한
② enough 충분한
③ positive 긍정적인

해석 신발과 양말이 함께 진열된 것을 본 적이 있는가? 그것은 품목들이 서로 전략적으로 배치된 것이다. 일단 신발 한 켤레를 사기로 결정했다면, 양말 한 켤레도 사지 않을 이유가 무엇인가? 상점 내 물건 배치는 무작위가 아니라는 점을 기억해라 물건 배치는 고객들이 쇼핑하는 동안 눈에 띄지 않는 방식으로 제안을 주는 것이다.

단어 placement 배치, arranging 배열하는 것, suggestions 제안, obvious 명백한, 눈에 띄는

25 윗글의 주제로 가장 적절한 것은?

① 소비자 교육의 효과 ② 상품 가격 결정의 원리

③ 전략적 상품 진열 방식 ④ 매체 속 다양한 광고의 유형

ADVICE ③ 위의 글은 신발과 양말의 진열을 예시로 들며 전략적으로 상품이 진열된 방식에 대해 설명하고 있다.

» **ANSWER** 22.③ 23.② 24.④ 25.③

CHAPTER 08

2024년 제2회 기출문제

▌1~3▌ 다음 밑줄 친 부분의 뜻으로 가장 적절한 것을 고르시오.

1

> I am lucky to have the <u>opportunity</u> to learn from him.

① 갈등　　　　　　　　　② 기회
③ 법칙　　　　　　　　　④ 인기

　　ADVICE ② 그에게 배울 기회를 가질 수 있어서 나는 행운이었다.

2

> Many people <u>are aware of</u> the health risks of energy drinks.

① 걷다　　　　　　　　　② 놓다
③ 묻다　　　　　　　　　④ 알다

　　ADVICE ④ 많은 사람들이 에너지 드링크의 건강상 위험을 <u>알고 있다</u>.

3

> Our trip to the beach was canceled <u>due to</u> the storm.

① 게다가　　　　　　　　② 대신에
③ 때문에　　　　　　　　④ 반면에

　　ADVICE ③ 폭풍 <u>때문에</u> 해변으로 가는 우리의 여행이 취소되었다.

4 다음 밑줄 친 두 단어의 의미 관계와 다른 것은?

> Every <u>flower</u> in the garden is beautiful, but I really love this red <u>rose</u>.

① color − gray

② sport − basketball

③ north − south

④ language − English

ADVICE 정원에 있는 모든 꽃들이 아름답지만, 나는 이 빨간 장미가 정말 좋다.
③ 밑줄 처진 두 단어는 상위·하위 관계인 반면, north는 '북쪽'이라는 뜻이고 south는 '남쪽'이라는 뜻이다. 두 단어의 의미는 서로 반의 관계이다.
① color(색) − gray(회색)
② sport(운동) − basketball(야구)
④ language(언어) − English(영어)

5 다음 마술 공연 안내문에서 언급되지 않은 것은?

> The Great Magic Show
> Come and be amazed!
>
> • Date : August 17th, 2p.m. − 5p.m.
> • Location : The Grand Hotel
> • Tickets : 20,000won
>   ※ There is a parking area behind the hotel.

① 관람장소

② 관람연령

③ 티켓가격

④ 주차정보

ADVICE ② 관람 연령에 대해서는 언급되어 있지 않다.

해석 최고의 마술쇼
와서 놀라움을 경험하세요!
• 날짜 : 8월 17일, 2p.m−5p.m
• 위치 : 그랜드 호텔
• 티켓 : 2만 원
※ 주차공간은 호텔 뒤에 있습니다.

》 ANSWER 1.② 2.④ 3.③ 4.③ 5.②

6

> • We will _____________ ice cream for dessert.
> • Please put the books in alphabetical _____________.

① drive
② order
③ respect
④ work

ADVICE ② order 주문하다, 순서
① drive 운전하다.
③ respect 존경하다.
④ work 일하다, 작동하다

해 석 • 우리는 디저트로 아이스크림을 주문할 것이다.
• 알파벳 순서대로 책을 정리해주세요.

7

> • She believes _____________ she can pass the exam.
> • He bought a car _____________ is quiet and fast.

① that
② what
③ where
④ why

ADVICE ① 첫 번째 문장에서 that은 종속접속사로 사용되었고 두 번째 문장에서는 관계대명사로 사용되었다.

해 석 • 그녀는 자신이 시험에 통과할 수 있다고 믿는다.
• 그는 조용하고 빠른 차를 샀다.

8

> • France is famous _____________ the Eiffel Tower.
> • He called his friends and asked _____________ help.

① for
② of
③ on
④ out

해 석 • 프랑스는 에펠탑으로 유명하다.
• 그는 친구들에게 전화해서 도움을 요청했다.

단 어 be famous for ~로 유명하다, ask for ~을 요청하다

9 다음 대화에서 밑줄 친 표현의 의미로 가장 적절한 것은?

A : Ah! There's a spider as big as my hand!

B : As big as your hand? Really?

A : Yes, it's huge!

B : Let me check. <u>Seeing is believing</u>.

---

① 남의 것이 더 좋아 보인다.

② 눈으로 확인해야 믿을 수 있다.

③ 겉모습만으로 판단해서는 안 된다.

④ 눈에서 멀어지면 마음도 멀어진다.

ADVICE ② 밑줄 친 표현은 '보는 것이 믿는 것이다'라는 뜻으로 눈으로 확인해야 믿을 수 있다는 의미이다.

해 석 A : 아! 제 손바닥만 한 거미가 있어요!
B : 손바닥만 하다구요? 정말요?
A : 네, 엄청나게 커요!
B : 제가 한번 확인해 볼게요. <u>보는 게 믿는 거죠</u>.

10 다음 대화에서 알 수 있는 A의 심정으로 가장 적절한 것은?

A : Finally, I booked tickets to see my favorite band!

B : That's awesome! When is the concert?

A : It's on Friday. I can't wait to see them perform live.

B : You're so lucky. Enjoy it!

---

① 미안하다   ② 속상하다

③ 창피하다   ④ 행복하다

ADVICE ④ A는 자신이 가장 좋아하는 밴드의 공연 티켓을 예매해서 행복한 심정이다.

해 석 A : 드디어 제가 가장 좋아하는 밴드 공연 티켓을 예매했어요!
B : 정말 대단하네요! 콘서트가 언제인가요?
A : 금요일이에요. 그들의 라이브 공연을 볼 생각에 너무 기대돼요.
B : 정말 운이 좋으시네요. 즐겁게 보고 오세요!

》 ANSWER 6.② 7.① 8.① 9.② 10.④

11 다음 대화가 이루어지는 장소로 가장 적절한 것은?

> A : Can you show me some short hairstyles?
> B : Sure. Here are some pictures. Do you like any of them?
> A : I like this one. Can you cut my hair like this?
> B : Absolutely, we can start right away.

① 식당　　　　　　　　　　　② 약국
③ 미용실　　　　　　　　　　④ 세탁소

ADVICE ③ 헤어스타일에 관한 이야기가 오가고 있으므로, 대화가 이루어지는 장소는 미용실이다.

해석 A : 짧은 헤어스타일 몇 가지 보여주실 수 있나요?
B : 물론이죠. 여기 사진들이 있습니다. 이 중에 마음에 드시는 것이 있으신가요?
A : 저는 이 스타일이 마음에 들어요. 이렇게 머리를 잘라주실 수 있나요?
B : 그럼요, 바로 시작하겠습니다.

단어 any of them 그중에 어떤 것이라도, absolutely 그럼요, 물론이죠

12 다음 글에서 밑줄 친 It이 가리키는 것으로 가장 적절한 것은?

> Exercise can help you maintain a healthy weight. It burns calories and builds muscle, which is important for overall health. It will also help you feel more energetic and productive so you can focus on your work. By staying active, you can prevent many health problems.

① exercise　　　　　　　　　② heart
③ problem　　　　　　　　　④ stay

ADVICE ① It은 exercise(운동)를 가리키고 있다.

해석 운동은 건강한 체중을 유지하는 데 도움을 줄 수 있다. 운동은 칼로리를 소모하고 근육을 만드는 것으로 전반적인 건강에 중요하다. 또한 운동은 더 활기차고 생산적으로 느끼도록 도와주어 일에 집중할 수 있다. 활동적인 상태를 유지함으로써 많은 건강 문제를 예방할 수 있다.

단어 maintain 유지하다, builds muscle 근육을 만들다, overall 전반적인, prevent 예방하다

▌13~14 ▌ 다음 대화의 빈칸에 들어갈 말로 가장 적절한 것을 고르시오.

13

A : _______________________?
B : Not too often, maybe once a week. How about you?
A : I eat out almost every day. It's easier with my schedule.
B : Yes, I understand.

① Are there any restaurants around here
② What kind of food do you eat
③ Where can I get easy recipes
④ How often do you eat out

ADVICE ④ 외식을 얼마나 자주 하나요?
① 이 근처에 식당이 있나요?
② 어떤 종류의 음식을 드시나요?
③ 쉽게 따라 할 수 있는 요리법을 어디서 얻을 수 있나요?

해 석 A : 외식을 얼마나 자주 하시나요?
B : 그렇게 자주 먹지는 않아요. 아마 일주일에 한 번 정도요. 당신은 어떠세요?
A : 저는 거의 매일 외식해요. 제 일정상 그게 더 편해서요.
B : 그렇군요, 이해합니다.

단 어 once a week 일주일에 한 번, almost every day 거의 매일

14

A : How can I improve my communication skills?
B : One way is to _______________________.

① eat more fruit and vegetables
② buy baking soda for your mom
③ wear gloves to keep your hands warm
④ practice speaking with people regularly

ADVICE ④ 사람들과 정기적으로 대화하는 연습을 하세요.
① 과일과 채소를 더 많이 드세요.
② 어머니를 위해 베이킹 소다를 사세요.
③ 손을 따뜻하게 하기 위해 장갑을 끼세요.

해 석 A : 제 의사소통 능력을 어떻게 향상시킬 수 있을까요?
B : 한 가지 방법은 사람들과 정기적으로 대화하는 연습을 하는 것입니다.

단 어 improve 향상시키다, 개선하다, practice 연습하다, regularly 정기적으로

》 ANSWER 11.③ 12.① 13.④ 14.④

15 다음 대화의 주제로 가장 적절한 것은?

A : Do you know the benefits of drinking tea?
B : Sure. It can help you relax and reduce stress. Do you like to drink tea?
A : Yes, I do. I heard it can also help with digestion.

① 차 재배의 어려움
② 차를 우려내는 방법
③ 차를 마시는 것의 장점
④ 국가별 차의 종류와 특징

> **해석**　A : 차를 마시는 것의 이점을 알고 계세요?
> B : 물론이죠. 차는 긴장을 풀고 스트레스를 줄이는 데 도움을 줄 수 있어요. 차 마시는 것을 좋아하세요?
> A : 네, 좋아해요. 차가 소화에도 도움이 될 수 있다고 들었어요.
>
> **단어**　benefits 이점, 장점, reduce 줄이다, digestion 소화

16 다음 글을 쓴 목적으로 가장 적절한 것은?

I live downstairs and have been hearing a lot of noise from your apartment lately. I can't sleep at night. Please keep the noise levels down, especially during the late hours. This would be greatly appreciated.

① 거절하려고
② 동의하려고
③ 사과하려고
④ 요청하려고

> **해석**　저는 아래층에 살고 있는데, 최근 당신의 아파트에서 소음이 많이 들리고 있습니다. 밤에 잠을 잘 수가 없습니다. 특히 늦은 시간에는 소음 수준을 낮춰 주시길 바랍니다. 그렇게 해 주신다면 정말 감사하겠습니다.
>
> **단어**　downstairs 아래층에, lately 최근에, noise 소음, especially 특히

17 다음 동아리 안내문의 내용과 일치하지 않는 것은?

BREAKDANCING CLUB

Join us to learn some moves!

- Tuesdays at 5:00p.m. in Margaret Hall
- No dance experience is required.
- Bring your sneakers.
- For more information, email us at dancer@email.com.

① 매주 화요일에 참여할 수 있다.

② 댄스 경험이 없어도 참여 가능하다.

③ 동아리 가입 시 운동화가 제공된다.

④ 이메일로 추가 문의를 할 수 있다.

ADVICE ③ 스니커즈 운동화를 챙겨오라고 제시되어 있다.

해석 브레이크댄스 클럽
저희와 함께 몇 가지 동작을 배워 보세요!
- 화요일 5p.m 마거릿 홀
- 춤을 춰 본 경험이 없어도 됩니다.
- 스니커즈 운동화를 가져오세요.
- 더 많은 정보를 원한다면 dancer@email.com으로 메일을 보내주세요.

ANSWER 15.③ 16.④ 17.③

18 다음 Paradise Resort에 대한 설명과 일치하지 않는 것은?

> Paradise Resort is located in Thailand. The resort is next to the ocean, so you can enjoy swimming and fishing. Also, there are many diving spots where you can observe colorful marine life. The resort has restaurants where you can enjoy various dishes from around the world. Come visit us in paradise!

① 태국에 위치해 있다.
② 수영과 낚시를 즐길 수 있다.
③ 다이빙은 안전상의 이유로 금지된다.
④ 세계 여러 나라의 음식을 먹을 수 있다.

ADVICE ③ 바다 옆에서 수영과 낚시를 즐길 수 있고 다이빙 장소도 많이 있다고 제시되고 있다. 다이빙 금지에 대한 것은 언급되지 않는다.

해 석 Paradise Resort는 태국에 위치해 있습니다. 리조트는 바다 옆에 있어서 수영과 낚시를 즐기실 수 있습니다. 또한, 다채로운 해양 생물들을 관찰할 수 있는 다이빙 장소도 많습니다. 리조트에는 전 세계의 다양한 요리를 즐길 수 있는 레스토랑들이 있습니다. 천국과 같은 이곳에 저희를 방문해 보세요!

단 어 next to ~옆에, ocean 바다, observe 관찰하다, marine life 해양 생물

19 다음 글의 주제로 가장 적절한 것은?

> Let me give you some tips that could make you look taller. First, avoid loose clothes. Many of you might prefer big and oversized clothes, but they can make you appear short. Second, wear similar colors. Wearing different colors divides your body and can cause you to look shorter.

① 옷을 저렴하게 구입하는 방법
② 키가 커 보이게 옷을 입는 방법
③ 신체 치수를 정확히 측정하는 방법
④ 나에게 어울리는 색상을 찾는 방법

해 석 키가 더 커 보이게 만드는 몇 가지 조언을 드립니다. 첫째, 헐렁한 옷은 피하세요. 많은 사람들이 크고 넉넉한 옷을 선호할지도 모르지만, 그것들은 키가 작아보이게 할 수 있다. 둘째, 비슷한 색상의 옷을 입으세요. 여러 가지 다른 색상을 입는 것은 몸을 분할시키고 키가 더 작아 보이게 만듭니다.

단 어 prefer 선호하다, appear ~처럼 보이다, cause ~하게 만들다, 야기하다

▌20~21 ▌ 다음 글의 빈칸에 들어갈 말로 가장 적절한 것을 고르시오.

20

> Film – making can be ___________________ because it requires careful planning and teamwork. Finding the right locations, making schedules with actors, and managing a budget are all difficult tasks. Weather and technical issues during filming can also cause delays.

① challenging

② selfish

③ independent

④ wearable

ADVICE ① challenging 도전적인, 어려운
② selfish 이기적인
③ independent 독립적인
④ wearable 입을 수 있는

해석 영화 제작은 세심한 계획과 팀워크가 필요하기 때문에 어려울 수 있다. 적절한 장소를 찾고, 배우들과 일정을 잡고, 예산을 관리하는 것 모두 어려운 일이다. 또한 촬영 중 날씨나 기술적인 문제가 지연을 초래할 수도 있다.

단 어 location 장소, budget 예산

21

> What is a 3D printer? It's like a normal printer but a little _________ First, we don't put in ink but other materials like plastic or metal. Next, using software, we don't print out paper but real – life products like toys and even houses. Isn't that amazing?

① common

② different

③ frequent

④ wrong

ADVICE ② different 다른
① common 일반적인
③ frequent 빈번한
④ wrong 잘못된

해석 3D 프린터는 무엇일까? 보통의 프린터와 비슷하지만 약간 다르다. 첫째, 잉크 대신 플라스틱이나 금속 같은 다른 재료들을 넣는다. 다음으로, 소프트웨어를 사용하여 종이가 아닌 장난감이나 심지어 집과 같은 실제 물건들을 출력한다. 놀랍지 않은가?

단 어 materials 재료들, print out 출력하다

» ANSWER 18.③ 19.② 20.① 21.②

22 글의 흐름으로 보아 다음 문장이 들어가기에 가장 적절한 곳은?

> However, heavy snow fell unexpectedly.

On New Year's Day, my friend and I planned to climb a mountain near my town. (①) It stopped us from going up the mountain because it could have been dangerous. (②) As a result, we stayed indoors. (③) We were very disappointed but we hope to try again. (④)

ADVICE ① 「하지만 예상치 못하게 폭설이 내렸다.」 문장은 산에 올라가는 걸 중단하게 된 이유를 설명하는 문장이므로 ① 자리가 적절하다.

해 석 새해 첫날, 내 친구와 나는 동네 근처의 산에 오를 계획이었다. (①) 위험할 수 있었기 때문에 산에 올라가는 것이 중단되었다. (②) 그 결과, 우리는 실내에 머물렀다. (③) 매우 실망했지만 다시 시도해 보기를 희망한다. (④)

단 어 unexpectedly 예상치 못하게, dangerous 위험한, as a result 결과적으로, disappointed 실망한, hope to ~하기를 희망하다

23 다음 글의 바로 뒤에 이어질 내용으로 가장 적절한 것은?

Today, pets such as dogs, cats, and rabbits hold a special place in their owners' hearts. Many people spend a lot of time with their pets. Some people spend much money on them. Pets can mean a lot to their owners. Here are some reasons why.

① 반려동물을 입양할 때 유의할 점
② 반려동물이 주인들에게 중요한 이유
③ 가정에서 키울 수 있는 반려동물의 종류
④ 반려동물을 건강하게 키울 수 있는 방법

해 석 오늘날, 개, 고양이, 토끼와 같은 반려동물들은 주인들의 마음속에 특별한 자리를 차지한다. 많은 사람들이 자신의 반려동물과 많은 시간을 보낸다. 어떤 사람들은 반려동물에게 많은 돈을 쓰기도 한다. 반려동물들은 주인들에게 많은 의미가 될 수 있다. 여기에 그 몇 가지 이유가 있다.

단 어 hold a special place 특별한 자리를 차지하다, owners 주인들, spend a lot of time 많은 시간을 보내다, spend much money 많은 돈을 쓰다, mean a lot 많은 의미가 되다, reasons 이유들

Humans are social beings. We cannot live alone and need support from others. We should try to do things in cooperation. When we work as a team, we can be more successful. Helen Keller once said, "Alone we can do so little; together we can do so much." None of us is as smart as all of us. When we keep this in mind, I'm sure that we will _________________ a better society.

24 윗글의 빈칸에 들어갈 말로 가장 적절한 것은?

① build   ② forget

③ submit   ④ trick

ADVICE ① build 만들다, 짓다
② forget 잊다
③ submit 제출하다.
④ trick 속임수, 계략

해석 인간은 사회적인 존재이다. 우리는 혼자 살 수 없으며 다른 사람들의 도움이 필요하다. 우리는 협력하여 일을 하려고 노력해야 한다. 우리는 팀으로 일할 때 더 성공적일 수 있다. 헬렌 켈러는 언젠가 "혼자서는 아주 적은 일을 할 수 있지만, 함께하면 아주 많은 일을 할 수 있다"라고 말했다. 우리 중 누구도 우리 모두만큼 똑똑하지는 않다. 우리가 이것을 명심한다면 우리는 더 나은 사회를 <u>만들 것</u>이라고 확신한다.

단어 social beings 사회적 존재, support지지, in cooperation 협력하여, successful 성공적인, keep this in mind 이것을 명심하다

25 윗글의 주제로 가장 적절한 것은?

① 협력의 중요성   ② 사회적 약자의 의미

③ 목표 설정의 필요성   ④ 계획적인 생활의 장점

ADVICE ① 위의 글은 헬렌 켈러의 말을 인용하며 협력의 중요성에 대해서 설명하고 있다.

≫ ANSWER   22.①   23.②   24.①   25.①

CHAPTER 09

2025년 제1회 기출문제

❙1~3❙ 다음 밑줄 친 부분의 뜻으로 가장 적절한 것을 고르시오.

1

> Teaching Korean to young kids was an interesting <u>experience</u> last winter.

① 경험   ② 분업
③ 설명   ④ 흥미

> **ADVICE** ① 지난 겨울에 어린 아이들에게 한국어를 가르친 것은 흥미로운 경험이었다.

2

> Students were encouraged <u>to take part in</u> the group activity.

① 수리하다   ② 알아채다
③ 참여하다   ④ 주문하다

> **ADVICE** ③ 학생들은 그룹 활동에 참여하도록 장려 받았다.

3

> She went swimming <u>despite</u> her fear of water.

① 제외하고   ② 왜냐하면
③ 불구하고   ④ 예를 들면

> **ADVICE** ③ 물에 대한 공포에도 불구하고 그녀는 수영을 했다.

4 다음 밑줄 친 두 단어의 의미 관계와 다른 것은?

> The street was <u>dark</u> while the church was <u>bright</u>.

① thick − thin   ② poor − rich

③ weak − trong   ④ correct − right

> **ADVICE** 거리가 어두운(dark) 반면에 교회는 밝았다(bright).
> ④ 밑줄 쳐진 두 단어는 반의 관계인 반면, correct, right 둘 다 '옳다'는 의미이다.
> ① thick(두꺼운) − thin(얇은)
> ② poor(가난한) − rich(부유한)
> ③ weak(약한) −strong(강한)

5 다음 축제 안내문에서 언급되지 않은 것은?

> Strawberry Festival
>
> • Date : April 15th − 16th
> • Location : The Spring Park
> • Activities : Picking, Eating contest, Jam making
>
> Come and Enjou!

① 날짜   ② 장소

③ 주차료   ④ 활동내용

> **ADVICE** ③ 날짜, 장소, 활동내용은 있으나 주차료에 대한 정보는 언급되지 않았다.
>
> **해석** 딸기 축제
> • 날짜 : 4월 15일−16일
> • 위치 : The Spring 공원
> • 활동 : 따기(과일 또는 채소 등 손으로 따는 행위), 먹기 대회, 잼 만들기
> 와서 즐기세요!

> **» ANSWER** 1.① 2.③ 3.③ 4.④ 5.③

6

- Please do not _______________ the paintings on the wall.
- Let's keep in _______________ after we graduate from high school.

① run
② touch
③ report
④ increase

ADVICE ② touch 만지다
① run 달리다
③ report 알리다
④ increase 증가하다

해 석 • 벽 위에 칠한 것을 만지지 마세요.
• 고등학교를 졸업한 뒤에 계속 연락하자.

단 어 keep in touch 연락을 계속하다, 연락하고 지내다

7

- Mom asked me _______________ cleaned the house.
- He is the man _______________ invented this machine.

① why
② who
③ when
④ where

ADVICE ② 첫 번째 문장에서 who는 간접의문문의 의문사로 사용되었고 두 번째 문장에서는 관계대명사로 사용되었다.

해 석 • 엄마는 나에게 청소를 누가 했는지 물어봤다.
• 그는 이 기계를 발명한 사람이다.

단 어 clean 청소하다, invent 발명하다

8

- Finally, he came up _______________ a great idea.
- Henry, I totally agree _______________ you.

① in
② to
③ with
④ from

해 석 • 마침내, 그는 아주 좋은 아이디어를 떠올렸다.
• 헨리, 네 말에 전적으로 동의해.

단 어 come up with ~을 생각해내다, totally 전적으로, agree with ~에 동의하다

9 다음 대화에서 밑줄 친 표현의 의미로 가장 적절한 것은?

> A : That man over there looks strange.
> B : That's my neighbor David. He is one of the nicest people I know.
> A : Really? I had no idea.
> B : You know, "Don't judge a book by its cover."

① 가는 말이 고와야 오는 말이 곱다.

② 일찍 일어나는 새가 벌레를 잡는다.

③ 어려울 때 돕는 친구가 진정한 친구다.

④ 겉모습만으로 사람을 판단해서는 안 된다.

> **ADVICE** ④ 밑줄 친 표현은 '책 표지만 보고 판단해서는 안 된다'는 뜻으로 겉모습만으로 사람을 판단해서는 안 된다는 의미이다.
>
> **해 석** A : 저기 저 남자 이상하게 생겼어요.
> B : 저 사람은 내 이웃 데이비드예요. 내가 아는 사람들 중에 가장 좋은 사람 중 한 명이에요.
> A : 정말요? 전혀 몰랐네요.
> B : 있잖아요, 책 표지만 보고 판단해서는 안 돼요.

10 다음 대화에서 알 수 있는 B의 심정으로 가장 적절한 것은?

> A : Why didn't you go to the game last night?
> B : I had too much homework.
> A : You really missed a great game.
> B : I wish I could have gone.

① 아쉬움 ② 두려움

③ 황홀함 ④ 창피함

> **ADVICE** ① 경기를 보러 가고 싶었지만 숙제가 많아서 가지 못한 아쉬움의 심정이 가장 적절하다.
>
> **해 석** A : 어젯밤에 왜 경기 보러 안 갔어?
> B : 숙제가 너무 많았어
> A : 정말 멋진 경기를 놓쳤네
> B : 갈 수 있었으면 좋았을 텐데

> **ANSWER** 6.② 7.② 8.③ 9.④ 10.①

11 다음 대화가 이루어지는 장소로 가장 적절한 것은?

> A : Where can I find the science books?
> B : Oh, they are on the 2nd floor.
> A : Thanks. How many books can I borrow?
> B : You can take out seven books at a time.

① 도서관   ② 정육점
③ 주차장   ④ 철물점

ADVICE ① 책을 빌리는 장소로 도서관이 가장 적절하다.

해 석 A : 과학 책들은 어디서 찾을 수 있나요?
B : 아, 2층에 있어요.
A : 감사합니다. 책은 몇 권 빌릴 수 있나요?
B : 한 번에 일곱 권까지 빌릴 수 있습니다.

12 다음 글에서 밑줄 친 It이 가리키는 것으로 가장 적절한 것은?

> There are various ways people let go of their stress and maintain healthy lives. Yoga is one of them. It focuses on bringing harmony between mind and body. This leads to inner peace and can relieve your stress. Why don't you try this for your health?

① exam   ② yoga
③ cooking   ④ marathon

ADVICE ② It은 yoga를 가리키며 설명하고 있다.

해 석 사람들이 스트레스를 해소하고 건강한 삶을 유지하는 방법은 다양하다. 요가는 그중 하나이다. 요가는 몸과 마음의 조화를 이루는 데 중점을 둔다. 이는 내면의 평화로 이어지고 스트레스를 완화할 수 있다. 건강을 위해 요가를 시도해보는 건 어떤가?

13

> A : Let's go see a movie.
> B : Sure. ___________________?
> A : I don't care. Anything but horror movies.
> B : What about a romantic comedy?
> A : Sounds good.

① Will you do me a favor
② How tall is that building over there
③ What kind of movie do you want to see
④ Could you show me the way to the theater

ADVICE ③ 어떤 종류의 영화 보고 싶어요?
① 부탁 하나 들어줄래요?
② 저기 저 건물은 얼마나 높나요?
④ 극장으로 가는 길을 알려주시겠어요?

해 석 A : 영화 보러 가요.
B : 좋아요. <u>어떤 종류의 영화 보고 싶어요?</u>
A : 상관없어요. 공포 영화만 아니면 뭐든지.
B : 로맨틱 코미디는 어때요?
A : 좋아요.

14

> A : Have you ever been abroad?
> B : ___________________.

① No, I like vegetables more
② Yes, I have been to Vietnam twice
③ You should wear school uniforms at school
④ It is important to fasten your seatbelt at all times

ADVICE ② 네, 저는 베트남에 두 번 가봤어요.
① 아니요, 저는 채소를 더 좋아해요.
③ 학교에서 교복을 입어야 해요.
④ 항상 안전벨트를 매는 것이 중요해요.

해 석 A : 외국에 가본 적 있나요?
B : <u>네, 저는 베트남에 두 번 가봤어요.</u>

》 ANSWER 11.① 12.② 13.③ 14.②

15 다음 대화의 주제로 가장 적절한 것은?

> A : Have you heard about the dangers of strong sunlight?
> B : Yeah, people can experience severe sunburn when exposed to strong sunlight.
> A : Exactly. It can also cause skin cancer.

① 에너지를 절약하는 방법
② 식중독 예방을 위한 수칙
③ 유연성을 강화하기 위한 운동법
④ 강한 햇빛이 피부에 미치는 악영향

> **해 석** A : 강한 햇빛의 위험성에 대해 들어보셨나요?
> B : 네, 강한 햇빛에 노출되었을 때 심각한 햇빛 화상을 입을 수 있다고 해요.
> A : 맞아요. 심지어 피부암을 유발할 수도 있어요.

> **단 어** severe 극심한, sunburn 햇빛으로 입은 화상, exposed to ~ 에 드러내다, cancer 암

16 다음 글을 쓴 목적으로 가장 적절한 것은?

> I ordered several large shirts from your website last weekend. Yesterday, I got the package and found out that you sent me the wrong size. Please let me know how to exchange these items. I will be waiting for your response. Thank you.

① 교환 문의
② 부탁 거절
③ 예약 확인
④ 참가 신청

> **해 석** 제가 지난 주말에 귀사 웹 사이트에서 큰 사이즈 셔츠 여러 장을 주문했습니다. 어제 소포를 받았는데, 잘못된 사이즈가 배송된 것을 확인했습니다. 이 상품들을 어떻게 교환해야 하는지 알려주세요. 답변 기다리겠습니다. 감사합니다.

17 다음 안내문의 내용과 일치하지 않는 것은?

Author of the Month

share your ideas with the author!

- Friday at 6:00p.m. in Vincent Hall
- Take a picture with the author.
- Get the author's signature.
- No food allowed

sent any questions to talkshow@bookstore.com.

① 금요일 오후 6시에 시작한다.
② 작가와 사진을 찍을 수 있다.
③ 작가의 서명을 받을 수 있다.
④ 행사 중 음식을 먹을 수 있다.

ADVICE ④ 행사에 음식은 반입할 수 없다고 명시되어 있다.

해석 이달의 작가
작가에게 당신의 아이디어를 공유하세요!
- 금요일 오후 6시, Vincent Hall
- 작가와 함께 사진을 찍으세요.
- 작가의 사인을 받으세요.
- 음식 반입 금지
질문은 talkshow@bookstore.com으로 보내주세요.

18 다음 Isabella에 대한 설명과 일치하지 않는 것은?

> Isabella went to Australia on vacation. She expected to see the stars every night. However, she remained in her hotel for two days because it rained heavily. She just watched boring television shows. Luckily, she could finally see lots of stars on the last night. It was like a dream come true.

① 호주로 휴가를 갔다.
② 비가 많이 와서 이틀 동안 호텔에 남아 있었다.
③ 지루한 텔레비전 쇼를 보았다.
④ 마지막 날 밤에 별들을 볼 수 없었다.

ADVICE ④ 마지막 날 밤에 수많은 별을 보았다고 나와 있다.

해 석 Isabella는 휴가를 보내기 위해 호주에 갔다. 그녀는 매일 밤에 별을 보는 것을 기대했다. 그러나 비가 매우 많이 와서 이틀 동안 호텔에 머물러 있었다. 그녀는 지루한 TV 프로그램만 봤다. 다행히도, 그녀는 마지막 날 밤에 수많은 별들을 볼 수 있었다. 그것은 마치 꿈이 이루어진 것 같았다.

19 다음 글의 주제로 가장 적절한 것은?

> Attention all passengers. The train to Busan has been canceled, and we are giving full refunds. Please bring your tickets to the information desk, or visit our website and submit the application form. We apologize for the inconvenience.

① 열차 취소로 인한 환불 안내
② 좋은 냉장고를 선택하는 기준
③ 건물의 문고리를 안전하게 설계하는 방법
④ 에스컬레이터에서 피해야 할 위험한 장난

해 석 모든 승객 여러분께 알려드립니다. 부산행 열차가 취소되었으며, 전액 환불해 드립니다. 승차권을 안내데스크로 가져오시거나, 저희 웹사이트를 방문하여 신청서를 제출해 주시기 바랍니다. 불편을 드려 죄송합니다.

단 어 passenger 승객, cancel 취소하다, full refund 전액 환불, submit 제출하다, apologize 사과하다, inconvenience 불편

▌20~21 ▐ 다음 글의 빈칸에 들어갈 말로 가장 적절한 것을 고르시오.

20

Who are _________________? They are explorers who are chosen to travel into outer space. They are trained under harsh conditions to endure the severe environment of space. Staying calm in unexpected situations is also another important part of their training.

① dancers

② astronauts

③ communicators

④ psychologists

ADVICE ② astronauts 우주비행사

① dancers 댄서, 무용수

③ communicators 통신원, 의사소통을 하는 사람

④ psychologists 심리학자

해 석 우주비행사란 누구일까? 그들은 우주로 여행하도록 선발된 탐험가들이다. 우주비행사들은 우주의 가혹한 환경을 견디기 위해 혹독한 조건에서 훈련받는다. 예상치 못한 상황에서 침착함을 유지하는 것 또한 그들의 훈련에서 중요한 부분이다.

단 어 explorer 탐험가, harsh 혹독한, condition 상태, unexpecte 예기치 않은

21

Artificial Intelligence (AI) is a technology that can be very helpful. There are two _______ when using AI. First, you can get answers to your questions right away. Also, AI can create summaries of huge amounts of information rapidly. This helps users understand the main points more easily.

① damages

② mistakes

③ struggles

④ advantages

ADVICE ④ advantages 장점, 이점

① damages 손해, 피해

② mistakes 실수

③ struggles 고군분투, 노력, 어려움

해 석 인공 지능(AI)은 매우 유용한 기술입니다. AI를 사용할 때 두 가지 장점이 있습니다. 첫째, 질문에 대한 답을 즉시 얻을 수 있습니다. 또한, AI는 방대한 양의 정보를 신속하게 요약할 수 있습니다. 이는 사용자들이 요점을 더 쉽게 이해하도록 도와줍니다.

단 어 technology 기술, summary 요약, huge (크기·양 정도가) 막대한, rapidly 빠르게

» ANSWER 18.④ 19.① 20.② 21.④

 글의 흐름으로 보아 다음 문장이 들어가기에 가장 적절한 곳은?

> It is because you will be considered unprepared and unorganized if you spend too much time.

> There are two things you need to remember to give better speeches. (①) First of all, you should know what you intend to say. (②) Understanding the message of the speech you are giving is more important than simply memorizing its script. (③) Secondly, managing your time effectively is important for the success of your speech. (④)

ADVICE ④ 「너무 많은 시간을 쓰면 준비되지 않았고 체계적이지 못한 사람으로 간주될 것이기 때문이다.」 문장은 시간 관리가 중요하다는 것에 대한 추가적인 설명이므로 ④ 자리로 들어가는 것이 적절하다.

해석 더 나은 연설을 하기 위해 기억해야 할 두 가지가 있다. (①) 우선, 말하고자 하는 바를 알아야 한다. (②) 단순히 대본을 외우는 것보다 하고 있는 연설의 메시지를 이해하는 것이 더 중요하다. (③) 둘째로, 시간을 효과적으로 관리하는 것이 연설의 성공을 위해 중요하다. (④)

단어 unprepare 준비가 안 된, unorganized 조직화되어있지 않은, script 대본, effectively 효과적으로

23 다음 글의 바로 뒤에 이어질 내용으로 가장 적절한 것은?

> These days, many restaurants deliver food. Some are open even after midnight. For this reason, you might easily order food at night when you feel hungry. However, eating late at night is not good for your body. There are three main reasons why this is so.

① 야식이 건강에 해로운 이유
② 제일 인기 있는 야식의 종류
③ 지역별 음식 문화의 발전 과정
④ 식당이 늦게까지 영업하는 이유

해석 요즘, 많은 식당들이 음식을 배달한다. 몇몇은 심지어 자정 이후에도 문을 연다. 이런 이유로, 배가 고플 때 밤에 쉽게 음식을 주문할지도 모른다. 하지만, 야식을 먹는 것은 몸에 좋지 않다. 그러한 세 가지 이유가 있다.

Taekwondo is popular throughout the world. What makes people so attracted to it? People improve their physical abilities, such as increased flexibility. In addition, they can learn self-control by ______________ it on a regular basis. For these reasons, it is now enjoyed internationally.

24 윗글의 빈칸에 들어갈 말로 가장 적절한 것은?

① cleaning ② removing

③ arresting ④ practicing

> **ADVICE** ④ practicing 연습하는
> ① cleaning 청소하는
> ② removing 제거하는
> ③ arresting 체포하는
>
> **해 석** 태권도는 전 세계적으로 인기가 있다. 무엇이 사람들을 그렇게 태권도에 매료되게 만드는 것인가? 사람들은 유연성 증가와 같은 신체 능력을 향상시킨다. 게다가, 그들은 그것을 꾸준히 <u>연습하면서</u> 자기 통제력을 배울 수 있다. 이러한 이유들로 인해, 태권도는 이제 국제적으로 즐겨지고 있다.
>
> **단 어** popular 대중적인, improve 개선하다, increase 증가하다, self – control 자제력, internationally 국제적으로

25 윗글의 주제로 가장 적절한 것은?

① 태권도의 변천 과정
② 세계 전통 의복의 특징
③ 태권도가 인기 있는 이유
④ 안전하게 운동하는 방법

> **ADVICE** ③ 위의 글은 태권도가 인기 있는 이유가 무엇인지에 대해서 설명하고 있다.

> **ANSWER** 22.④ 23.① 24.④ 25.③

CHAPTER 10

2025년 제2회 기출문제

▎1~3▎ 다음 밑줄 친 부분의 뜻으로 가장 적절한 것을 고르시오.

1

> We need to find a <u>balance</u> between work and family life.

① 감정　　　　　　　　　　② 균형
③ 모험　　　　　　　　　　④ 학습

ADVICE ② 우리는 일과 가정생활 사이의 <u>균형</u>을 찾아야 한다.

2

> Please <u>throw away</u> the trash after the picnic.

① 버리다　　　　　　　　　② 들여놓다
③ 보관하다　　　　　　　　④ 판매하다

ADVICE ① 소풍 후에는 쓰레기를 <u>버려주시길</u> 바랍니다.

3

> I studied hard, <u>so</u> I passed the test.

① 게다가　　　　　　　　　② 그래서
③ 반면에　　　　　　　　　④ 사실상

ADVICE ② 나는 공부를 열심히 했다, <u>그래서</u> 시험에 통과했다.

4 다음 중 밑줄 친 두 단어의 의미 관계와 다른 것은?

> The gift made me <u>happy</u>, but I became <u>sad</u> when I lost it.

① slow − fast

② wide − narrow

③ equal − same

④ easy − difficult

> **ADVICE** 그 선물은 나를 <u>행복하게</u> 했지만 그것을 잃어버렸을 때 <u>슬퍼졌다</u>.
> ③ 밑줄 쳐진 두 단어는 반의 관계인 반면, equal과 same은 둘 다 '동일한'이라는 뜻으로 동의 관계이다.
> ① slow(느린) − fast(빠른)
> ② wide(넓은) − narrow(좁은)
> ④ easy(쉬운) − difficult(어려운)

5 다음 안내문에서 언급되지 않은 것은?

> Mud Fun Day
>
> • Date : August 16th
> • place : Riverside Park
> • Activities : mud slides, mud fights
>
> ※ Make sure to bring a change of clothes.

① 행사날짜

② 행사장소

③ 활동내용

④ 참가연령

> **ADVICE** ④ 참가 연령에 대해서는 명시되어 있지 않다.
>
> **해석** 진흙 놀이 날
> • 날짜 : 8월 16일
> • 장소 : Riverside Park
> • 활동 : 진흙 미끄럼틀, 진흙 싸움
> ※ 갈아입을 옷을 잊지 마세요.

> **ANSWER** 1.② 2.① 3.② 4.③ 5.④

6

> • He goes for a ____________ every morning to stay healthy.
> • She wants to ____________ her own shop someday.

① run

② hand

③ wil

④ lose

ADVICE ① run 달리다, 운영하다
② hand 건네주다
③ will ~일 것이다
④ lose 잃다

해 석 • 그는 건강을 유지하기 위해 매일 아침 달리기를 한다.
• 그녀는 언젠가 자신의 가게를 운영하고 싶어 한다.

7

> • He told her the reason ____________ he was crying.
> • Can you tell me ____________ you were absent?

① how

② why

③ where

④ which

ADVICE ② why는 첫 번째 문장과 두 번째 문장에서 모두 간접의문문의 의문사로 사용되었다.

해 석 • 그는 자신이 왜 울고 있었는지 말했다.
• 왜 결석했는지 말해줄 수 있니?

8

> • I'm really looking forward ____________ going camping.
> • My mom used ____________ read books to me when I was little.

① as

② to

③ for

④ like

해 석 • 나는 캠핑 가는 것을 정말 기대하고 있다.
• 나의 엄마는 내가 어렸을 때 책을 읽어주시곤 했다.

단 어 look forward to ~을 기대하다, used to ~ 하곤 했다

9 다음 대화에서 밑줄 친 표현의 의미로 가장 적절한 것은?

> A : I accidentally broke the classroom window.
> B : Oh, no! Did you tell the teacher?
> A : Yes, I told her what happened and apologized.
> B : Good. <u>Honesty is the best policy</u>.

① 정직이 최선의 방책이다.
② 진정한 배움에는 지름길이 없다.
③ 시간은 화살처럼 빨리 지나간다.
④ 일찍 일어나는 새가 벌레를 잡는다.

> **해석** A : 실수로 교실 창문을 깨트렸어.
> B : 오, 이런! 선생님께 말씀드렸어?
> A : 응, 무슨 일이 있었는지 말씀드리고 사과드렸어.
> B : 잘했어. <u>정직이 최선의 방책이야.</u>

10 다음 대화에서 알 수 있는 A의 심정으로 가장 적절한 것은?

> A : I just heard that I won the writing contest!
> B : That's great. I knew you could do it.
> A : I still can't believe it. I'm so delighted!
> B : You deserve it. You worked really hard.

① 기쁨   ② 불만
③ 실망   ④ 평온

> **ADVICE** ① A는 글쓰기 대회에서 우승하여 기쁨을 느끼고 있다.

> **해석** A : 방금 내가 글쓰기 대회에서 우승했다는 걸 들었어!
> B : 잘됐다. 네가 할 수 있을 줄 알았어.
> A : 아직도 믿기지 않아. 너무 기쁘다!
> B : 넌 그럴 자격 있어. 너 정말 열심히 했잖아.

» **ANSWER** 6.① 7.② 8.② 9.① 10.①

11 다음 대화가 이루어지는 장소로 가장 적절한 것은?

> A : Hi, can I get a slice of cheese pizza and a coke?
> B : Sure. Would you like anything else?
> A : No, that's all. Do you accept credit cards?
> B : Of course. Your total is nine dollars.

① 경찰서　　　　　　　　　② 미용실
③ 소방서　　　　　　　　　④ 음식점

ADVICE ④ A는 피자와 콜라를 주문하고 있으므로 대화가 이루어지는 장소는 음식점이다.

해석 A : 안녕하세요, 치즈 피자 한 조각이랑 콜라 하나 주시겠어요?
B : 알겠습니다. 다른 것도 필요하신가요?
A : 아뇨, 그게 전부예요. 신용카드 받으시나요?
B : 물론이죠. 총 금액은 9달러입니다.

12 다음 글에서 밑줄 친 It이 가리키는 것으로 가장 적절한 것은?

> Jungle World is back! We are very pleased to announce this program. <u>It</u> will be held during the month of September. In this program, visitors can experience various animals and plants living in the jungle.

① plant
② animal
③ program
④ visitor

ADVICE ③ 여기서 It은 program을 가리키고 있다.

해석 Jungle World가 돌아왔습니다! 이 프로그램을 발표하게 되어 정말 기쁩니다. <u>프로그램</u>은 9월 한 달 동안 개최될 겁니다. 이 프로그램에서 방문객들은 정글에 사는 다양한 동물들과 식물들을 체험할 수 있습니다.

13

> A : Tomorrow is my sister's birthday.
> B : Did you buy a present for her?
> A : Yes. I bought this hat. ________________________?
> B : Oh, it's beautiful. She will like it.

① Where do you live
② Why did you buy it
③ When is your birthday
④ What do you think of it

ADVICE ④ 어떻게 생각해?
① 어디에 살아?
② 왜 그걸 샀어?
③ 네 생일은 언제야?

해석 A : 내일은 내 여동생의 생일이야.
B : 동생 선물 샀어?
A : 응. 이 모자를 샀어. <u>어떻게 생각해?</u>
B : 오, 예쁘다. 동생이 좋아할 것 같아.

14

> A : Where did you leave your umbrella?
> B : ________________________.

① I think I left it on the bus
② I can explain why he liked it
③ I helped my friend make lunch
④ I bought a new dress yesterday

ADVICE ① 버스에 두고 온 것 같아요.
② 그것을 좋아했던 이유를 설명할 수 있어요.
③ 제 친구가 점심을 만드는 걸 도왔어요.
④ 어제 새로운 드레스를 샀어요.

해석 A : 우산은 어디에 두고 왔어요?
B : <u>버스에 두고 온 것 같아요.</u>

» ANSWER 11.④ 12.③ 13.④ 14.①

15 다음 대화의 주제로 가장 적절한 것은?

> A : Can you tell me how to make a comic book?
> B : First, you have to choose a topic, and then write a short story.
> A : I see. Do you draw the pictures afterwards?
> B : That's right.

① 도서관 이용 규칙
② 만화책을 만드는 방법
③ 좋아하는 영화 장르
④ 이야기를 경청하는 태도

해석 A : 만화책을 어떻게 만드는지 알려줄 수 있나요?
B : 첫째로, 주제를 정한 다음 짧은 이야기를 써야 해요.
A : 알겠어요. 그림은 나중에 그리는 건가요?
B : 맞아요.

16 다음 글을 쓴 목적으로 가장 적절한 것은?

> The school writing club is holding a weekly workshop to help students improve their writing skills. Each week, we will meet to share ideas, give feedback, and practice together. If you are interested in becoming a more confident writer, join us on Thursdays in room 205.

① 안부를 전하려고
② 예약을 승인하려고
③ 참가자를 모집하려고
④ 행사 취소를 공지하려고

해석 학교 글쓰기 동아리는 학생들이 글쓰기 능력을 향상시키는 데 도움을 주기 위해 매주 워크숍을 개최하고 있습니다. 우리는 매주 만나서 아이디어를 나누고, 함께 연습할 것입니다. 만약 더 자신감 있는 글쓴이가 되는 데 관심이 있다면 목요일 205호실에서 우리와 함께합시다.

단어 practice 연습하다, be interested in ~ 에 관심이 있다, confident 자신감 있는

17 다음 수영장 안내문의 내용과 일치하지 않는 것은?

Swimming Pool Information

- Location : 9th floor
- Operating hours : 6:00a.m. ~ 10:00p.m.
- Free for all hotel guests
- Must wear a swimming cap

※ Drinks can be purchased at the pool.

---

① 9층에 위치해 있다.

② 오전 6시부터 오후 10시 까지 운영한다.

③ 수영모를 착용해야 한다.

④ 음료는 판매하지 않는다.

> **ADVICE** ④ 음료는 수영장에서 구매할 수 있다고 명시되어 있다.
>
> **해석** 수영장 정보
> - 위치 : 9층
> - 운영 시간 : 오전 6시 ~ 오후 10시
> - 모든 호텔 손님에게 무료
> - 수영모를 반드시 착용할 것
> ※ 음료는 수영장에서 구매할 수 있습니다.

18 다음 The Friendly Market에 대한 설명과 일치하지 않는 것은?

> The Friendly Market opens near City Hall. You can buy fresh vegetables, organic snacks, and handmade goods there. Anyone who comes to the market can get a free face painting. The market is held on Sundays from 8a.m. to 3p.m.

① 시청 근처에서 열린다.
② 유기농 간식이 판매된다.
③ 페이스 페인팅은 무료이다.
④ 일요일은 휴무일이다.

ADVICE ④ 마켓은 일요일 오전부터 오후 3시까지 열린다고 나와 있다.

해석 Friendly Market이 시청 근처에서 열립니다. 신선한 채소, 유기농 간식, 그리고 수제 제품을 구매하실 수 있습니다. 시장에 오는 사람은 누구나 무료로 페이스 페인팅을 할 수 있습니다. 마켓은 일요일 오전 8시부터 오후 3시까지 열립니다.

단어 organic 유기농의, handmade 손으로 만든

19 다음 글의 주제로 가장 적절한 것은?

> Do you ever feel like you can't control your anger? Here are some tips for you. First, take a deep breath when you feel upset. This helps calm your mind. Second, count to ten before reacting. It gives you time to think and respond calmly. Talking to someone you trust can also help.

① 미래에 유망한 직업
② 예술 작품 창조 과정
③ 분노를 조절하는 방법
④ 기후 변화가 가속화하는 이유

해석 분노를 통제할 수 없다고 느낀 적이 있는가? 여기 몇 가지 팁이 있다. 첫째, 화가 났을 때 숨을 깊게 쉬어라. 이것은 마음을 진정시키는 데 도움을 준다. 둘째, 반응하기 전에 열까지 세어봐라. 이것은 생각할 시간과 침착하게 대답할 시간을 준다. 신뢰할 수 있는 사람과 이야기하는 것 또한 도움이 된다.

단어 control 통제하다, anger 분노, take a deep breath 심호흡하다

20

> Upcycling can turn old items into something new and useful. By reusing used objects for different purposes, you can ________________ trash. For example, jeans you don't wear anymore can be transformed into bags or wallets. Through upcycling, you can add value to unwanted items.

① order ② teach

③ reduce ④ punish

ADVICE ③ reduce 줄이다
① order 명령하다
② teach 가르치다
④ punish 처벌하다

해 석 업사이클링은 오래된 물건을 새롭고 유용한 것으로 바꿀 수 있다. 사용한 물건을 다른 용도로 재사용함으로써 쓰레기를 줄일 수 있다. 예를 들어, 더 이상 입지 않는 청바지는 가방이나 지갑으로 바뀔 수 있다. 업사이클링을 통해 원하지 않는 물건에 가치를 더할 수 있다.

단 어 reuse 재사용하다, transform 변형시키다, value 가치, unwanted 원치 않는

21

> Many countries are facing a problem with low birth rates. Fewer babies are being born each year. This can lead to a smaller working population in the future. Thus, countries are trying to ________________ policies that will help increase birth rates.

① cut ② stop

③ forget ④ develop

ADVICE ④ develop 개발하다
① cut 자르다
② stop 멈추다
③ forget 잊다

해 석 많은 나라가 저출산 문제에 직면하고 있다. 매년 태어나는 아기들이 줄고 있다. 이것은 미래에 노동 인구가 줄어드는 것으로 이어질 수 있다. 따라서, 나라들은 출산율을 높이는 데 도움이 될 정책을 개발하려고 노력하고 있다.

단 어 low birth rate 저출산, lead to ~ 로 이어지다, population 인구, birth rate 출산률

» ANSWER 18.④ 19.③ 20.③ 21.④

22 글의 흐름으로 보아 다음 문장이 들어가기에 가장 적절한 곳은?

> There, some sea animals eat this waste.

Plastic is a useful material but can be harmful to the environment. (①) Plastic waste takes decades to break down, so it stays on the Earth for a long time. (②) Moreover, plastic waste is often washed out to the ocean. (③) Eventually these animals may end up on our dinner table. (④)

ADVICE ③ 「그곳에서 일부 해양 동물들이 이 쓰레기를 먹는다.」라는 문장은 바다로 흘러들어간 플라스틱 쓰레기가 어떻게 되는지 설명하고 있으므로 ③ 자리가 적절하다.

해석 플라스틱은 유용한 물질이지만 환경에 해로울 수도 있다. (①) 플라스틱 쓰레기는 분해되는 데 수십 년이 걸리는데, 그래서 지구에 오랫동안 남아 있다. (②) 게다가, 플라스틱 쓰레기는 종종 바다로 흘러들어가게 된다. (③) 결국 이러한 동물들이 우리의 저녁 식탁에 오를지도 모른다.

단어 material 물질, harmful 해로운, decade 10년, waste 폐기물

23 다음 글의 바로 뒤에 이어질 내용으로 가장 적절한 것은?

Marathons are exciting events that attract thousands of runners every year. Runners train for months to prepare for the race. Participating in a marathon not only promotes physical fitness, but also provides a sense of accomplishment. However, there are several types of injuries people can get when they run a marathon.

① 마라톤으로 인한 부상의 유형
② 마라톤 경기 규칙의 변천사
③ 육상 선수를 위한 식단
④ 정신 건강의 중요성

해석 마라톤은 매년 수천 명의 러너들을 끌어들이는 흥미로운 행사다. 러너들은 경주를 준비하기 위해 몇 달 동안 훈련한다. 마라톤에 참가하는 것은 체력 증진뿐만 아니라 성취감을 선사한다. 그러나 그들이 마라톤을 할 때 얻을 수 있는 몇 가지 부상이 있다.

Everyone feels stress sometimes, especially when life gets busy. But too much stress can lead to various problems such as sleeplessness and anxiety. In order to _______________ stress from harming your life, you need to manage it well. Stress management is the key to your well-being in the modern world.

24 윗글의 빈칸에 들어갈 말로 가장 적절한 것은?

① feed   ② raise

③ collect   ④ prevent

ADVICE ④ prevent 막다
① feed 먹이를 주다
② raise 일으키다
③ collect 수집하다

해 석 때때로 누구나 스트레스를 느끼는데, 특히 삶이 바쁠 때 그렇다. 그러나 너무 많은 스트레스는 불면증, 불안과 같은 다양한 문제로 이어질 수 있다. 스트레스가 삶에 해를 끼치는 것을 <u>막기</u> 위해 그것을 잘 관리할 필요가 있다. 스트레스 관리는 현대 사회에서 건강한 삶의 핵심이다.

단 어 especially 특별히, various 여러 가지의, sleeplessness 불면증, managemen 관리

25 윗글의 주제로 가장 적절한 것은?

① 스트레스 관리의 중요성
② 봉사 활동의 중요성
③ 수면 부족의 위험성
④ 다양한 운동 방법

ADVICE ① 위의 글은 불면증, 불안과 같은 증상들을 언급하며 스트레스 관리의 중요성에 대해 설명하고 있다.

» ANSWER 22.③   23.①   24.④   25.①

기출동형 모의고사

제1회 기출동형 모의고사

┃1~3┃ 다음 밑줄 친 부분의 뜻으로 가장 적절한 것을 고르시오.

1

> She donates a portion of her salary to a local animal <u>charity</u>.

① 자선   ② 요금

③ 학습   ④ 기회

ADVICE ① 그녀는 급여의 일부를 지역 동물 <u>자선</u> 단체에 기부한다.

단 어 donate 기부하다, portion 일부, salary 급여, local 지역의, animal 동물

2

> The sponge can <u>absorb</u> a lot of water.

① 버리다   ② 흡수하다

③ 판매하다   ④ 들여놓다

ADVICE ② 스펀지는 많은 물을 <u>흡수</u>할 수 있다.

단 어 donate 기부하다, portion 일부, salary 급여, local 지역의, animal 동물

3

> <u>In short</u>, we must decide now.

① 그럼에도 불구하고   ② 게다가

③ 요약하면   ④ 반면에

ADVICE ③ <u>요약하면</u>, 우리는 결정해야 합니다.

단 어 decide 결정하다

4 다음 중 밑줄 친 두 단어의 의미관계와 다른 것은?

> I need to <u>leave</u> the office early so I can <u>arrive</u> at the station on time to catch the train.

① open − close

② start − finish

③ give − receive

④ big − large

ADVICE 기차를 제시간에 타기 위해, 역에 제때 <u>도착할</u> 수 있도록 사무실에서 일찍 <u>떠나야</u> 한다.
④ 밑줄 쳐진 두 단어는 반의 관계인 반면, big과 large는 모두 크다는 의미로 동일한 의미다.
① open(열다) − close(닫다)
② start(시작하다) − finish(끝내다)
③ give(주다) − receive(받다)

5 다음 안내문에서 언급되지 않은 것은?

> Autumn Night Reading Festival
> • Date : Saturday, October 12th
> • Place : Riverside Park
> • Activities : Book Purchase, Book Making, Book Viewing
>
> ※ For the Book Viewing activity, participants must bring their own books.

① 행사요일

② 행사위치

③ 참가연령

④ 행사 활동

ADVICE ③ 참가연령에 대한 내용은 언급되어 있지 않다.

해 석 가을밤 독서 축제
• 날짜 : 10월 12일 토요일
• 장소 : 강변공원
• 활동 : 도서 구입, 책 만들기, 책 보기
※ 책 보기 활동에서 책을 가져와야 합니다.

단 어 autumn 가을, night 밤, october 10월, place 장소, purchase 구입, making 만들기, viewing 보기, participants 참가자, bring 가져오다

❯ ANSWER 1.① 2.② 3.③ 4.④ 5.③

6

> • __________ the dirty dishes in the sink before you leave.
> • She decided to __________ off the meeting until next week due to the heavy workload.

① put   ② run
③ out   ④ make

ADVICE ① put 넣다
② run 달리다
③ out 바깥으로
④ make 만들다

해 석 • 나가기 전에 더러운 접시들을 싱크대에 넣으세요.
• 그녀는 과중한 업무량 때문에 회의를 다음 주로 미루기로 결정했다.

단 어 put off 미루다, put 넣다, dish 접시, dirty 더러운, sink 싱크대, leave 떠나다, decide 결정하다, meeting 회의, due to 때문에, heavy workload 과중한 업무량

7

> • This is the quiet coffee shop __________ I usually go to study.
> • I want to go back to the place __________ I was born.

① why   ② where
③ what   ④ when

ADVICE ② 첫 번째 문장과 두 번째 문장에서 where은 모두 관계부사로 사용되었다.

해 석 • 이곳은 내가 평소에 공부하러 가는 조용한 커피숍이다.
• 나는 제가 태어난 장소로 돌아가고 싶다.

단 어 quiet 조용한, usually 평소, go back 돌아가다, place 장소, born 태어난

8

> • I am looking forward ____ our trip next month.
> • The red car belongs ___ my neighbor.

① for   ② as
③ to   ④ on

해 석 • 나는 다음 달 여행을 고대하고 있다.
• 저 빨간 차는 나의 이웃의 것이다.

단 어 be looking forward to ~를 고대하다, belong to 속하다, neighbor 이웃

9 다음 대화에서 밑줄 친 표현의 의미로 가장 적절한 것은?

> A: Are you going to the hike?
> B: Maybe. I must check my schedule first.
> A: Hurry! The deadline is tomorrow.
> B: Already? <u>Time flies in the blink of an eye</u>!

① 눈 깜짝할 사이에 시간이 간다.
② 일찍 일어나는 새가 벌레를 잡는다.
③ 배움에는 지름길이 없다.
④ 꾸준함을 유지하는 것이 성공의 길이다.

해석 A : 하이킹에 가나요?
B : 아마도요. 일정을 먼저 확인해야 해요.
A : 서둘러요! 마감일은 내일이에요.
B : 벌써요? <u>시간이 눈 깜짝할 사이에 가네요.</u>

단어 maybe 아마도, check 확인하다, schedule 일정, hurry 서두르다, deadline 마감, already 벌써, blink 깜빡이다

10 다음 대화에서 알 수 있는 A의 심정으로 가장 적절한 것은?

> A: This food is really disappointing, actually.
> B: I'm surprised. Didn't you say this was your favorite?
> A: Yes, but the pasta quality is worse now.
> B: That's a shame. We'll pick a new place next time.

① 기쁨　　　　　　　　② 설렘
③ 실망　　　　　　　　④ 평온

ADVICE ③ A는 파스타의 품질이 나빠져서 실망스러워하고 있다.

해석 A : 사실, 이 음식 정말 실망스러워요.
B : 놀랍네요. 제일 좋아하는 곳이라고 하지 않았어요?
A : 네, 하지만 파스타 품질이 지금은 좋지 않아졌네요.
B : 안타깝네요. 다음엔 새로운 곳을 고르죠.

단어 disappointe 실망하다, actyally 사실, surprise 놀라운, favorite 좋아하는, quality 품질, worse 나쁜, shame 안타까운, pick 고르다

》 ANSWER 6.① 7.② 8.③ 9.① 10.③

11 다음 대화가 이루어지는 장소로 가장 적절한 것은?

> A: Excuse me, I'd like to file a report.
> B: Of course. Can you tell me what happened?
> A: Someone stole my wallet from my bag on the train.
> B: I see. Please have a seat and fill out this form.

① 소방서　　　　　　　　　　② 경찰서
③ 도서관　　　　　　　　　　④ 기관실

ADVICE ② A는 기차에서 지갑을 도둑맞았고 그것을 신고하러 왔으므로 대화가 이루어지는 장소는 경찰서이다.

해 석 A: 실례합니다. 신고를 하려고 합니다.
　　　　B: 물론입니다. 무슨 일이 있었는지 말씀해 주시겠어요?
　　　　A: 기차에서 누가 제 가방의 지갑을 훔쳐 갔어요.
　　　　B: 알겠습니다. 앉으셔서 이 양식을 작성해 주세요.

단 어 report 신고하다, steal 훔치다, wallet 지갑, seat 앉다, fill out 작성하다, form 양식

12 다음 글에서 밑줄 친 It이 가리키는 것으로 가장 적절한 것은?

> See the amazing new musical, 'The Happiness of the Sun'. It is a story full of hope and beautiful music. Tickets are selling fast, so buy yours today! Find your own joy in "The Happiness of the Sun."

① ticket　　　　　　　　　　② sun
③ music　　　　　　　　　　④ musical

ADVICE It은 musical을 가리키며 설명하고 있다.

해 석 놀라운 새 뮤지컬, "태양의 행복"을 관람하세요. 뮤지컬은 희망과 아름다운 음악으로 가득 찬 이야기입니다. 티켓이 빠르게 팔리고 있습니다. 오늘 바로 구매하세요! "태양의 행복"에서 당신만의 기쁨을 찾아보세요.

단 어 amazing 놀라운, story 이야기, full of 가득 찬, music 음악, sell 팔다, fast 빠른, buy 구매하다

13

> A: Today is the day of our big exam.
> B: Oh, right. _________________?
> A: It starts exactly at ten in the morning.
> B: Thanks for reminding me! I need to be on time.

① Why do you want to know the time

② What time does the test start

③ What subject is the exam for

④ Where is the test location

ADVICE ② 시험은 몇 시에 시작하나요?
① 시간이 왜 궁금한가요?
③ 시험 과목이 무엇인가요?
④ 시험 장소는 어디인가요?

해 석 A: 오늘은 우리의 중요한 시험 날이에요.
B: 아, 맞다. 시험이 몇 시에 시작해요?
A: 정확히 아침 10시에 시작합니다.
B: 알려줘서 고마워요! 제시간에 가야겠네요.

단 어 exam 시험, exactly 정확하게, remind 상기하다, on time 정각

14

> A: What do you usually do after dinner?
> B: _________________.

① I usually take a walk while listening to music.

② I am afraid of making mistakes in public.

③ I bought a new phone two weeks ago.

④ I can't understand what you mean.

ADVICE ① 보통 음악을 들으면서 산책을 해요.
② 공공장소에서 실수할까 봐 두려워요.
③ 2주 전에 새로운 휴대전화를 샀어요.
④ 당신이 뭐라고 한 건지 이해하지 못했어요.

해 석 A: 저녁 먹고 나서 보통 뭐 해요?
B: 보통 음악을 들으면서 산책을 해요.

단 어 mistake 실수, be afraid of ~를 두려워하다, understand 이해하다

》 ANSWER 11.② 12.④ 13.② 14.①

15 다음 대화의 주제로 가장 적절한 것은?

> A : Could you show me how to grow tomatoes at home?
> B : Of course. First, plant the seeds in a small pot.
> A : I see. Do I need to water them every day?
> B : Yes, but be careful not to give them too much water.

① 건강한 식습관의 중요성
② 식물에 물을 주는 이유
③ 농장에서 일하는 즐거움
④ 집에서 토마토를 키우는 방법

해석 A : 집에서 토마토 키우는 방법 좀 알려줄래요?
B : 물론이죠. 먼저 작은 화분에 씨앗을 심으세요.
A : 알겠어요. 매일 물을 줘야 하나요?
B : 네, 하지만 너무 많이 주지 않도록 조심하세요.

단어 grow 기르다, 재배하다, seed 씨앗, pot 화분, be careful 조심하다

16 다음 글을 쓴 목적으로 가장 적절한 것은?

> The community center is looking for volunteers to help with its weekend English program. Volunteers will assist foreign residents in practicing daily conversation and cultural exchange. If you enjoy meeting new people and sharing ideas, please sign up at the information desk by Friday.

① 외국 문화를 소개하려고
② 봉사활동 참가자를 모집하려고
③ 영어 학습 교재를 판매하려고
④ 주말 프로그램을 취소하려고

해석 지역 커뮤니티 센터에서 주말 영어 프로그램을 도와줄 자원봉사자를 모집하고 있습니다. 자원봉사자는 외국인 주민들의 일상 회화 연습과 문화 교류를 지원할 것입니다. 새로운 사람들을 만나고 생각을 나누는 걸 좋아한다면, 금요일까지 안내 데스크에서 신청해 주세요.

단어 volunteer 자원봉사자, conversation 대화, sign up 가입하다신청하다

17 다음 피트니스 센터 안내문의 내용과 일치하지 않는 것은?

> **Notice**
>
> • Location: 3rd Floor, next to the elevator
> • Opening Hours: 5:30 a.m. - 11:00 p.m.
> • Only hotel guests over 16 years old can use the gym.
> • Towels and water are provided for free.
> • Please wear proper workout clothes and shoes.

① 피트니스 센터는 엘리베이터 옆 3층에 있다.

② 오전 5시 30분부터 오후 11시까지 운영한다.

③ 15세 이하의 고객도 이용할 수 있다.

④ 수건과 물은 무료로 제공된다.

ADVICE ③ 16세 이상의 호텔 투숙객만 이용할 수 있다고 언급되어 있다.

해석 • 위치: 3층 엘리베이터 옆
• 운영 시간: 오전 5시 30분 ~ 오후 11시
• 16세 이상 호텔 투숙객만 이용 가능
• 수건과 물은 무료 제공
• 운동복과 운동화를 착용해야 함

단어 next to ~옆에, for free 무료로, proper 적절한, workout clothes 운동복

18 다음 The Green Cafe에 대한 설명과 일치하지 않는 것은?

> The Green Cafe recently opened near the central park. It offers a variety of vegan dishes made from local ingredients. Customers can also bring their own cups to get a small discount on drinks. The cafe opens every day except Monday, from 9 a.m. to 8 p.m.

① 중앙공원 근처에 있다.
② 지역 재료로 만든 채식 요리를 판다.
③ 개인 컵을 가져오면 음료 할인을 받을 수 있다.
④ 월요일에도 영업한다.

> **ADVICE** ④ 그린 카페는 월요일을 제외하고 오전 9시부터 오후 8시까지 영업한다고 언급되어 있다.
>
> **해 석** 그린 카페는 최근 중앙공원 근처에 문을 열었다. 이곳에서는 지역 재료로 만든 다양한 채식 요리를 판매한다. 고객은 개인 컵을 가져오면 음료에 대해 소정의 할인을 받을 수 있다. 카페는 월요일을 제외한 매일 오전 9시부터 오후 8시까지 영업한다.
>
> **단 어** variety of 다양한, vegan dishes 채식 요리, local ingredients 지역 재료, bring 가져오다, discount 할인, except ~을 제외하고

19 다음 글의 주제로 가장 적절한 것은?

> Do you often have trouble sleeping at night? Here are some tips to help you rest better. First, avoid using your phone or computer at least an hour before bed. The bright light from the screen can make it hard to fall asleep. Second, try to go to bed and wake up at the same time every day. Keeping a regular sleep schedule helps your body relax more easily.

① 불면증을 치료하는 약의 종류
② 수면의 질을 높이는 방법
③ 전자기기의 작동 원리
④ 아침 운동의 중요성

> **해 석** 밤에 잠이 잘 오지 않나요? 더 잘 쉴 수 있도록 몇 가지 팁을 소개합니다. 첫째, 잠자기 최소 한 시간 전에는 휴대전화나 컴퓨터 사용을 피하세요. 화면의 밝은 빛이 잠드는 것을 어렵게 만들 수 있습니다. 둘째, 매일 같은 시간에 자고 일어나도록 노력하세요. 규칙적인 수면 습관은 몸이 더 쉽게 이완되도록 도와줍니다.
>
> **단 어** avoid 피하다, bright 밝은, fall asleep 잠들다, wake up 깨어나다, 깨우다, schedule 스케줄, 규칙적인 시간표

20

> Many people throw away clothes that they no longer wear. However, some designers are trying to give old clothes a new life. They change their shape or color and make them look stylish again. This creative process helps reduce waste and protects the environment. By reusing what we already have, we can also __________ money and resources.

① spend

② save

③ collect

④ waste

ADVICE ② save 절약하다, 저장하다
① spend 보내다, 쓰다
③ collect 수집하다
④ waste 낭비하다

해석 많은 사람들은 더 이상 입지 않는 옷을 버린다. 하지만 일부 디자이너들은 오래된 옷에 새 생명을 불어넣으려 하고 있다. 그들은 옷의 형태나 색을 바꿔 다시 멋지게 만든다. 이러한 창의적인 과정은 쓰레기를 줄이고 환경을 보호한다. 이미 가진 것을 다시 사용함으로써 우리는 돈과 자원을 절약할 수 있다.

단어 throw away 버리다, shape 모양, reduce 줄이다, save 저장하다, 절약하다, resources 자원

21

> In many cities, air pollution is getting worse each year. One reason is the growing number of cars on the road. To solve this problem, some cities are building more bike lanes. They also encourage people to use public transportation instead of driving. These efforts can help __________ the amount of harmful gases in the air.

① collect

② produce

③ reduce

④ discover

ADVICE ③ reduce 줄이다
① collect 수집하다
② produce 생산하다
④ discover 발견하다

해석 많은 도시에서 대기 오염이 해마다 악화되고 있다. 그 이유 중 하나는 도로 위 자동차의 증가 때문이다. 이 문제를 해결하기 위해 일부 도시는 자전거 도로를 더 많이 만들고 있다. 또한 사람들에게 운전 대신 대중교통 이용을 권장한다. 이러한 노력은 공기 중의 유해한 가스 양을 줄이는 데 도움이 된다.

단어 pollution 오염, 공해, encourage 격려하다, 장려하다, 권장하다, public transportation 대중교통, harmful 유해한, 해가 되는, reduce 줄이다, 감소시키다

▷ **ANSWER** 18.④ 19.② 20.② 21.③

22 글의 흐름으로 보아 다음 문장이 들어가기에 가장 적절한 곳은?

> As a result, many people find it difficult to focus on one task for a long time.

These days, people spend hours looking at their smartphones and computers. (①) They constantly check messages, watch short videos, and scroll through social media. (②) Technology makes it easy to access information, but it can also be distracting. (③) To solve this, experts suggest taking short breaks and turning off notifications. (④)

ADVICE ② 「그 결과, 많은 사람들이 오랫동안 한 가지 일에 집중하기 어렵다는 것을 발견한다.」라는 문장의 내용은 스마트폰, 컴퓨터를 통해 메시지를 확인하고 짧은 영상을 보며 시간을 보냄으로써 이어지는 결과이므로 ②의 자리가 적절하다.

해 석 요즘 사람들은 스마트폰과 컴퓨터를 보며 몇 시간씩 보낸다. (①) 그들은 끊임없이 메시지를 확인하고, 짧은 영상을 보고, SNS를 스크롤한다. (②) 기술은 정보를 쉽게 접근하게 해주지만, 동시에 산만하게 만들 수도 있다. (③) 이 문제를 해결하기 위해 전문가들은 짧은 휴식을 취하거나 알림을 끄라고 조언한다. (④)

단 어 constantly 끊임없이, distracting 방해가 되는, 산만하게 하는, focus on ~에 집중하다, notifications 알림

23 다음 글의 바로 뒤에 이어질 내용으로 가장 적절한 것은?

Online shopping has become a part of many people's daily lives. It allows customers to buy what they need without leaving home, and they can easily compare prices between different stores. However, some people worry about its negative effects, such as packaging waste and delivery pollution.

① 온라인 쇼핑이 환경에 미치는 부정적 영향
② 인터넷 광고의 역사와 발전 과정
③ 다양한 결제 방식의 장단점
④ 오프라인 상점의 인테리어 디자인

해 석 온라인 쇼핑은 많은 사람들의 일상 일부가 되었다. 온라인 쇼핑은 고객들이 집을 나가지 않고도 필요한 것을 살 수 있게 해주며, 서로 다른 가게 간의 가격을 쉽게 비교할 수 있다. 그러나 일부 사람들은 포장 쓰레기와 배송으로 인한 오염 등 부정적인 영향을 걱정한다.

단 어 a part of ~의 일부, without ~ 없이, compare 비교하다, negative effect: 부정적인 영향, 부정적인 효과, packaging waste 포장 쓰레기, pollution 오염

Many people set goals at the beginning of the year, such as exercising more or learning a new skill. However, these goals are often difficult to achieve because people give up too easily. To ____________, it is important to make small, realistic plans and keep doing them every day. Even small efforts can lead to big results over time.

24 윗글의 빈칸에 들어갈 말로 가장 적절한 것은?

① imagine

② success

③ follow

④ record

ADVICE ② success 성공하다
① imagine 상상하다
③ follow 따르다
④ record 기록하다

해 석 많은 사람들이 연초에 운동을 더 하거나 새로운 기술을 배우는 등의 목표를 세운다. 하지만 사람들은 너무 쉽게 포기하기 때문에 이러한 목표를 이루기 어렵다. 성공하기 위해서는, 작고 현실적인 계획을 세워 매일 꾸준히 실천하는 것이 중요하다. 작은 노력도 시간이 지나면 큰 결과로 이어질 수 있다.

단 어 begin 시작하다, such as ~와 같은, exercise 운동하다, achieve 이루다, 성취하다, realistic 현실적인, effort 노력, lead to ~로 이어지다

25 윗글의 주제로 가장 적절한 것은?

① 건강한 식습관의 필요성

② 여행 계획 세우는 법

③ 실패의 원인과 결과

④ 꾸준한 노력의 가치

ADVICE ④ 위의 글은 꾸준히 실천하는 것이 중요하다는 것을 주제로 이야기하고 있다.

» **ANSWER** 22.② 23.① 24.② 25.④

CHAPTER 02

제2회 기출동형 모의고사

┃1~3┃ 다음 중 밑줄 친 부분의 뜻으로 가장 적절한 것을 고르시오.

1

> The teacher asked the students to <u>decorate</u> the classroom for the school festival.

① 준비하다　　　　　　　　② 꾸미다
③ 청소하다　　　　　　　　④ 모이다

ADVICE ② 선생님은 학생들에게 학교 축제를 위해 교실을 <u>꾸미라고</u> 요청했다.

단 어 ask A to B A에게 B하라고 요청하다, decorate 꾸미다, 장식하다, classroom 교실, festival 축제

2

> The students were asked to <u>take care of</u> the school garden during the summer vacation.

① 떠나다　　　　　　　　② 나누다
③ 돌보다　　　　　　　　④ 모으다

ADVICE ③ 학생들은 여름 방학 동안 학교 정원을 <u>돌보도록</u> 요청받았다.

단 어 take care of ～를 돌보다, during ～동안, vacation 방학, 휴가, be asked to ～하도록 요청받다

3

> He kept running <u>although</u> he was very tired.

① 그래서　　　　　　　　② 그러나
③ ～할 때까지　　　　　　④ 비록 ～일지라도

ADVICE ④ 그는 <u>비록</u> 매우 피곤했을지라도 계속 달렸다.

단 어 keep ～ing ～하기를 계속하다, although 비록 ～일지라도, tired 피곤한

4 다음 중 밑줄 친 두 단어의 의미 관계와 다른 것은?

> The box was <u>heavy</u>, but the balloon was <u>light</u>.

① short – long

② tall – high

③ slow – fast

④ happy – sad

ADVICE 그 상자는 <u>무거웠지만</u>, 풍선은 <u>가벼웠다</u>.
② 밑줄 쳐진 두 단어는 반의 관계인 반면, tall은 '큰', high는 '높은'이라는 뜻으로 비슷한 의미이다.
① short(짧은) – long(긴)
③ slow(느린) – fast(빠른)
④ happy(행복한) – sad(슬픈)

단 어 heavy 무거운, light 가벼운, tall 키 큰, high 높은

5 다음 안내문에서 언급되지 않은 것은?

> City Art Exhibition
> • Date: May 20th–22nd
> • Location: Green Hall
> • Entrance fee: Free for students
> • Main Events: Painting contest, Photo gallery, Craft zone

① 행사 날짜　　　　　　　　② 행사 장소

③ 입장료　　　　　　　　　④ 주차 공간

ADVICE ④ 주차 공간에 대한 내용은 언급되어 있지 않다.

해 석 시티 미술 전시회
• 날짜 : 5월 20일 ~ 22일
• 장소 : 그린홀
• 입장료 : 학생은 무료
• 주요 행사 : 그림 대회, 사진 전시, 공예 구역

단 어 Entrance fee 입장(료), contest 대회, craft 공예

» ANSWER 1.② 2.③ 3.④ 4.② 5.④

┃6~8┃ 다음 중 빈칸에 공통으로 들어갈 말로 가장 적절한 것을 고르시오.

6

> • He needs to focus ____ studying instead of playing games.
> • Bring a jacket which is easy to put ____ and take off.

① on ② of

③ at ④ about

해석 • 그는 게임을 하는 대신 공부에 집중할 필요가 있다.
• 입고 벗기 쉬운 재킷을 가져와.

단어 focus on ~에 집중하다, bring 가져오다, put on 입다, take off 벗다, instead of ~대신에

7

> • I met a girl _________ can play the violin very well.
> • Do you know _________ is coming to the party tonight?

① where ② what

③ who ④ when

ADVICE ③ 첫 번째 문장의 who는 관계대명사로 사용되었고, 두 번째 문장에서는 간접의문문의 의문사로 사용되었다.

해석 • 나는 바이올린을 아주 잘 켤 수 있는 소녀를 만났다.
• 너는 오늘 밤 파티에 누가 오는지 아니?

단어 meet 만나다, well 잘, tonight 오늘 밤

8

> • Don't forget to take care ____ your health.
> • We are all proud _____our team's success.

① in ② to

③ with ④ of

해석 • 건강을 돌보는 것을 잊지 마세요.
• 우리는 모두 우리 팀의 성공을 자랑스럽게 생각합니다.

단어 forget 잊다, take care of ~을 돌보다, be proud of ~를 자랑스러워 하다, health 건강.

9 다음 대화에서 밑줄 친 표현의 의미로 가장 적절한 것은?

> A: I can't solve this math problem. It's too difficult for me.
> B: Why don't we try it together?
> A: That would be great. Thanks for helping me out.
> B: Sure. You know, "Two heads are better than one."

① 친구는 많을수록 좋다.

② 두 사람의 지혜가 한 사람보다 낫다.

③ 서두르면 일을 망친다.

④ 실패는 성공의 어머니다.

ADVICE ② 밑줄 친 표현은 '머리 하나보다는 머리 두 개가 낫다'는 뜻으로 두 사람의 지혜가 한 사람보다 낫다는 의미이다.

해석 A: 이 수학 문제를 못 풀겠어. 나한테 너무 어려워.
B: 우리 같이 해보는 게 어때?
A: 좋아! 도와줘서 고마워.
B: 물론이지. "두 사람의 머리가 한 사람보다 낫다"는 말 있잖아.

단어 solve 풀다, 해결하다, difficult 어려운, try 시도하다, help out 도와주다

10 다음 대화에서 알 수 있는 B의 심정으로 가장 적절한 것은?

> A: Did you get the job you applied for?
> B: No, I didn't. They chose someone else.
> A: Oh, I'm sorry to hear that.
> B: It's okay, but I really wanted that job.

① 실망   ② 분노

③ 안도   ④ 무관심

ADVICE ① B는 지원했던 일자리에 불합격하여 실망하고 있다.

해석 A: 지원했던 일자리 합격했어?
B: 아니, 다른 사람이 뽑혔어.
A: 아, 안됐다.
B: 괜찮아, 그래도 정말 그 일을 하고 싶었는데.

단어 apply for 신청하다, 지원하다, choose 선택하다, else 다른, want 원하다

» ANSWER 6.① 7.③ 8.④ 9.② 10.①

11 다음 대화가 이루어지는 장소로 가장 적절한 것은?

> A: I'd like to buy this shirt, but do you have it in a larger size?
> B: Sure, let me check. Here you are.
> A: Great! Can I pay by card?
> B: Of course. Please come to the counter.

① 서점
② 병원
③ 옷가게
④ 우체국

해 석 A : 이 셔츠를 사고 싶은데, 더 큰 사이즈가 있나요?
B : 물론이죠, 확인해볼게요. 여기 있습니다.
A : 좋아요! 카드로 결제해도 되나요?
B : 물론입니다. 계산대로 오세요.

단 어 check 확인하다, pay 지불하다, counter 계산대

12 다음 글에서 밑줄 친 It이 가리키는 것으로 가장 적절한 것은?

> People try various ways to stay healthy. Some go jogging every morning, and others prefer swimming or cycling. Among these activities, walking is the easiest and safest exercise. It helps you reduce stress, control your weight, and improve your heart health. That's why many doctors recommend walking for at least thirty minutes a day.

① stress
② walking
③ cycling
④ swimming

ADVICE ② It은 walking(걷기)를 가리키며 설명하고 있다.

해 석 사람들은 건강을 유지하기 위해 다양한 방법을 시도한다. 어떤 사람은 매일 아침 조깅을 하고, 다른 사람은 수영이나 자전거 타기를 선호한다. 이러한 활동들 중에서 걷기는 가장 쉽고 안전한 운동이다. 걷기는 스트레스를 줄이고, 체중을 조절하며, 심장 건강을 향상시키는 데 도움이 된다. 그래서 많은 의사들이 하루에 최소 30분 이상 걷는 것을 추천한다.

단 어 prefer 선호하다, 좋아하다, reduce 줄이다, control 조절하다, recommend 추천하다, 권하다

13

> A: Look at those dark clouds!
> B: Oh no! ________________?
> A: No, I didn't. I thought it would be sunny today.
> B: You'd better take my umbrella then.

① What time is your class

② Are you free this weekend

③ Can you play soccer today

④ Did you check the weather forecast

ADVICE ④ 일기예보 확인했어?
① 수업이 몇 시야?
② 이번 주말에 한가해?
③ 오늘 축구할 수 있어?

해 석 A : 저 까만 구름 좀 봐!
B : 이런! 일기예보 확인했어?
A : 아니, 오늘 맑을 줄 알았어.
B : 그럼 내 우산을 가져가는 게 좋겠어.

단 어 weather forecast 날씨예보, 일기예보, umbrella 우산

14

> A: Have you ever ridden a horse?
> B: ________________.

① Yes, once on my trip to Jeju Island

② Yes, I like listening to music

③ I'll take a shower after dinner

④ It's too far from here

ADVICE ① 응, 제주도 여행을 갔을 때 한 번 타봤어.
② 응, 난 음악 듣는 걸 좋아해.
③ 저녁 식사 후에 샤워를 할 거야.
④ 여기서 너무 멀어.

해 석 A : 말 타본 적 있어?
B : 응, 제주도 갔을 때 한 번 타봤어.

단 어 ride 타다, once 한 번, listen 듣다, far 먼

》 ANSWER 11.③ 12.② 13.④ 14.①

15 다음 대화의 주제로 가장 적절한 것은?

A : Did you know that drinking too much soda is bad for your health?
B : Yeah, it has a lot of sugar and can lead to weight gain.
A : Right. It can also cause problems with your teeth.

① 탄산음료가 건강에 미치는 영향
② 운동을 꾸준히 하는 방법
③ 치아 미백 제품의 종류
④ 다이어트를 위한 식단 계획

해석 A : 탄산음료를 너무 많이 마시면 건강에 나쁘다는 거 알고 있어?
B : 응, 당분이 많아서 체중 증가로 이어질 수 있지.
A : 맞아. 게다가 치아에도 문제를 일으킬 수 있어.

단어 lead to ~로 이어지다, cause 야기하다, 초래하다, weight 무게, teeth 치아

16 다음 글을 쓴 목적으로 가장 적절한 것은?

I bought a pair of shoes from your online store last week. They looked great in the pictures, but when I received them, they were too small. I checked my order again and realized that I selected the right size. Could you please tell me how to exchange them for a larger size? I really like the design, so I'd prefer to get the same pair if possible. I'll wait for your reply.

① 제품을 추천하기 위해
② 환불을 거절하기 위해
③ 상품 교환을 요청하기 위해
④ 배송비를 안내하기 위해

해석 저는 지난주에 당신들의 온라인 상점에서 신발 한 켤레를 샀습니다. 사진에서는 멋져 보였지만, 실제로 받아보니 너무 작았습니다. 주문을 다시 확인해 보니 사이즈는 제대로 선택했더군요. 더 큰 사이즈로 교환하려면 어떻게 해야 하는지 알려주시겠어요? 디자인이 마음에 들어서 가능하다면 같은 신발로 교환하고 싶습니다. 답장을 기다리겠습니다.

단어 a pair of 한 켤레의, receive 받다, realize 깨닫다, exchange 교환하다, reply 응답하다

17 다음 안내문의 내용과 일치하지 않는 것은?

City Library Notice

- Opening Hours: 9:00 a.m. ~ 8:00 p.m. (Monday ~ Saturday)
- Closed on Sundays and national holidays
- Food and drinks are not allowed inside.
- Free Wi-Fi is available for all visitors.
- Please return borrowed books within two weeks.

---

① 도서관은 일요일에는 문을 닫는다.

② 음식과 음료는 반입할 수 없다.

③ 모든 방문객은 무료로 Wi-Fi를 이용할 수 있다.

④ 책은 한 달 안에 반납해야 한다.

ADVICE ④ 대출한 책은 2주 이내에 반납해야 한다고 언급되어 있다.

해 석 시립 도서관 안내
- 운영 시간: 월요일 ~ 토요일 오전 9시 ~ 오후 8시
- 일요일과 공휴일은 휴관
- 음식과 음료 반입 금지
- 모든 방문객에게 무료 Wi - Fi 제공
- 대출한 책은 2주 이내에 반납해야 함

단 어 library 도서관, national holiday 공휴일, be allowed 허락되다, borrow 빌리다, within ~안에

18 다음 Emily에 대한 설명과 일치하지 않는 것은?

> Emily visited her cousin in Japan during her summer vacation. She tried sushi for the first time and really liked it. She also went shopping in Tokyo and bought some souvenirs for her friends. However, she lost her wallet on the last day of her trip. Luckily, a kind man found it and returned it to the hotel where she was staying.

① 에밀리는 여름 방학 동안 일본에 있는 사촌을 방문했다.
② 그녀는 도쿄에서 쇼핑을 하며 친구들을 위한 기념품을 샀다.
③ 그녀는 여행 첫날에 지갑을 잃어버렸다.
④ 한 남자가 그녀의 지갑을 호텔로 가져다주었다.

> **해석** 에밀리는 여름 방학 동안 일본에 있는 사촌을 방문했다. 그녀는 처음으로 초밥을 먹어보고 정말 좋아했다. 또 도쿄에서 쇼핑을 하며 친구들을 위한 기념품을 샀다. 하지만 여행의 마지막 날, 그녀는 지갑을 잃어버렸다. 운 좋게도, 한 친절한 남자가 지갑을 발견했고 그녀가 머무르는 호텔에 돌려주었다.

> **단어** visit 방문하다, souvenir 기념품, lost 잃어버린, return 돌려주다

19 다음 글의 주제로 가장 적절한 것은?

> Attention, everyone. Due to unexpected weather conditions, the outdoor concert scheduled for this evening has been postponed. The new date will be announced on our official website soon. If you have already purchased tickets, they will still be valid for the rescheduled date. We apologize for any inconvenience and appreciate your understanding.

① 야외 공연 연기 안내
② 콘서트 티켓 판매 홍보
③ 날씨 예보에 대한 경고
④ 공연장 내 음식 반입 금지

> **해석** 여러분께 안내드립니다. 예상치 못한 기상 상황으로 인해 오늘 저녁 예정이던 야외 공연이 연기되었습니다. 새 날짜는 곧 공식 웹사이트에 공지될 예정입니다. 이미 티켓을 구매하셨다면, 그 티켓을 새 일정에 그대로 사용할 수 있습니다. 불편을 드려 죄송하며 양해해 주셔서 감사합니다.

> **단어** Due to ~ 때문에, unexpected 예상치 못한, postpone 연기하다, announce 발표하다, 알리다, valid 유효한, reschedule 일정을 변경하다, apologize 사과하다, inconvenience 불편, appreciate 감사하다

20

> Who are _________? They are medical professionals who help people stay healthy and recover from illness. They usually work in hospitals and take care of patients with great care and kindness. They also give advice on how to prevent diseases and live a better life.

① teachers

② nurses

③ farmers

④ designers

ADVICE ② nurses 간호사
① teachers 교사
③ farmers 농부
④ designers 디자이너

해석 간호사는 누구일까요? 그들은 사람들이 건강을 유지하고 병에서 회복하도록 돕는 의료 전문가들이다. 그들은 보통 병원에서 일하며 환자들을 세심함과 친절함으로 돌본다. 또한 질병을 예방하고 더 나은 삶을 살 수 있도록 조언한다.

단어 professional 전문적인, recover 회복하다, take care of 돌보다, patient 환자, advice 충고, 조언, prevent 예방하다, disease 질병

21

> Recycling is one of the simplest ways to protect our planet. There are many __________ to recycling. First, it helps reduce the amount of trash that goes into landfills and oceans. Second, it saves natural resources such as wood, water, and minerals by using materials again. In addition, recycling can also save energy that would be used to make new products.

① dangers

② advantages

③ limits

④ causes

ADVICE ② advantages 이점
① dangers 위험
③ limits 제한
④ causes 원인

해석 재활용은 지구를 보호하는 가장 쉬운 방법 중 하나입니다. 재활용에는 많은 이점이 있습니다. 첫째, 재활용은 매립지나 바다로 가는 쓰레기의 양을 줄이는 데 도움이 됩니다. 둘째, 재활용은 목재, 물, 광물과 같은 천연 자원을 다시 사용함으로써 절약합니다. 게다가 새로운 제품을 만드는 데 쓰일 에너지도 절약할 수 있습니다.

단어 recycle 재활용하다, protect 보호하다, reduce 줄이다, amount 양, landfill 매립지, resource 자원, mineral 광물

> **ANSWER** 18.③ 19.① 20.② 21.②

22 글의 흐름으로 보아 다음 문장이 들어가기에 가장 적절한 곳은?

> It helps people pay attention to you and listen carefully to what you say.

Good communication skills are important when you speak in public. (①) One of the best ways to improve your communication is to use body language. (②) For example, keeping eye contact and using your hands while speaking can make your message clearer. (③) People are more likely to remember what you say when your gestures match your words. (④) However, try not to move too much because it can distract the audience.

ADVICE ② 「그것은 사람들이 당신을 주목하고 당신이 말하는 것을 주의 깊게 듣도록 도와준다.」는 문장은 왜 몸짓이 의사소통 능력의 향상에 좋은 방법 중 하나인지에 대한 내용이므로 문맥상 ②의 자리가 적절하다.

해 석 좋은 의사소통 능력은 대중 앞에서 말할 때 중요하다. (①) 의사소통 능력을 향상시키는 가장 좋은 방법 중 하나는 몸짓을 사용하는 것이다. (②) 예를 들어, 말하는 동안 눈을 마주치고 손동작을 사용하는 것은 당신의 메시지를 더 명확하게 만든다. (③) 몸짓이 말과 일치할 때 사람들은 당신의 말을 더 잘 기억할 가능성이 높다. (④) 그러나 관객이 산만해질 수 있으니 너무 많이 움직이지 않도록 해라.

단 어 notice 인지하다, 주목하다, carefully 신중히조심스럽게, communication 의사소통, language 언어, gesture 몸짓, audience 청중, distract 산만하게 하다, audience 청중

---

23 다음 글의 바로 뒤에 이어질 내용으로 가장 적절한 것은?

Reading books has many benefits. It can expand your knowledge and improve your language skills. Reading also reduces stress and helps you focus better after a long day. Because of these reasons, many teachers encourage students to read every day, even for a short time before bed.

---

① 독서의 구체적인 장점 설명
② 독서량을 줄여야 하는 이유
③ 도서관 이용 규칙 안내
④ 책 대신 영화를 보는 장점

해 석 책을 읽는 것은 많은 이점이 있다. 독서는 지식을 넓혀주고 언어 능력을 향상시킨다. 독서는 스트레스를 줄여주고 긴 하루 후에 더 잘 집중하도록 도와준다. 이러한 이유로 많은 교사들이 학생들에게 매일, 심지어 잠자기 전 짧은 시간이라도 책을 읽도록 권한다.

단 어 expand 확장하다, 넓히다, knowledge 지식, improve 개선시키다, 향상시키다, focus 집중하다 encourage 격려하다, 자극하다

Yoga is becoming more and more popular around the world. Why do so many people enjoy doing it? It helps people relax their bodies and minds after a long day. In addition, they can gain inner peace by ______________ it regularly. Because of these benefits, many people make it a part of their daily lives.

24 윗글의 빈칸에 들어갈 말로 가장 적절한 것은?

① creating

② practicing

③ designing

④ collecting

ADVICE ② practicing 연습
① creating 창조
③ designing 디자인
④ collecting 수집

해석 요가는 전 세계적으로 점점 더 인기를 얻고 있다. 왜 이렇게 많은 사람들이 요가를 즐길까? 요가는 긴 하루를 보낸 뒤 몸과 마음을 편안하게 해 준다. 게다가 규칙적으로 요가를 연습함으로써 내면의 평화를 얻을 수도 있다. 이러한 이점들 때문에 많은 사람들이 요가를 일상의 일부로 삼는다.

단어 popular 인기 있는, enjoy 즐기다, relax 긴장을 풀다, gain 얻다, inner 내면의, regularly 규칙적으로, benefit 이점, 혜택,

25 윗글의 주제로 가장 적절한 것은?

① 전통 무술의 기원

② 요가 의상의 종류

③ 요가가 인기를 얻는 이유

④ 신체 유연성을 높이는 과학

ADVICE ③ 위의 글은 요가의 장점을 들며 요가가 인기를 얻는 이유에 대해 이야기하고 있다.

》 ANSWER 22.② 23.① 24.② 25.③

가볍게! 빠르게! 확인하는 용어사전 시리즈

시사용어사전 | 경제용어사전 | 부동산용어사전

시사용어사전 1228
매일 접하는 각종 기사와 정보! 공기업/언론사/기업체/공무원 채용을 준비하는 수험생과
현대인이 꼭 알아야 할 최신 시사상식을 쏙쏙 뽑아 이해하기 쉽도록 영역별로 정리

경제용어사전 1050
주요 경제용어는 거의 다 실었다! 금융권/공기업/언론사/기업체/공무원 채용을 준비하기 전에,
경제 공부를 시작하기 전에 읽어보면 경제가 쉬워지도록 사전식으로 구성

부동산용어사전 1310
부동산에 대한 이해를 높이고 부동산의 개발과 활용, 투자 및 부동산 용어 학습에도
적극적으로 이용할 수 있는 교재, 공인중개사 출제용어도 수록

자격증

한번에 따기 위한 서원각 교재

한 권에 준비하기 시리즈 / 기출문제 정복하기 시리즈를 통해 자격증 준비하자!